国家自然科学基金面上项目(51574226)资助
采矿工程专业卓越工程师教育培养计划项目资助
中国矿业大学教学名师培育项目资助
江苏高校“青蓝工程”资助

近距离煤层无墙体沿空留巷理论与关键技术

郑西贵　沙雨勤　刘平喜　和金财　著

中国矿业大学出版社
·徐州·

图书在版编目(CIP)数据

近距离煤层无墙体沿空留巷理论与关键技术 / 郑西贵等著.—徐州：中国矿业大学出版社，2016.10

ISBN 978-7-5646-3291-5

Ⅰ.①近… Ⅱ.①郑… Ⅲ.①煤矿开采—采空区充填 ②煤矿开采—沿空巷道 Ⅳ.①TD325②TD263.5

中国版本图书馆 CIP 数据核字(2016)第 246296 号

书　　名　近距离煤层无墙体沿空留巷理论与关键技术

著　　者　郑西贵　沙雨勤　刘平喜　和金财

责任编辑　李　敬

出版发行　中国矿业大学出版社有限责任公司

（江苏省徐州市解放南路　邮编 221008）

营销热线　(0516)83884103　83885105

出版服务　(0516)83995789　83884920

网　　址　http://www.cumtp.com　**E-mail**:cumtpvip@cumtp.com

印　　刷　徐州中矿大印发科技有限公司

开　　本　850 mm×1168 mm　1/32　**印张** 6.875　**字数** 185 千字

版次印次　2016 年 10 月第 1 版　2016 年 10 月第 1 次印刷

定　　价　32.00 元

前　言

我国的煤炭生产多采用井工开采，生产矿井每年新掘巷道20 000 km，其中采区回采巷道进尺约占70%，绝大部分采区回采巷道长期以来一直沿用保留煤柱的方法维护，即在工作面之间留设3～5 m的窄煤柱或15～30 m的宽煤柱。区段煤柱虽然短期内对防治窜风、自然发火起到一定作用，但造成煤炭资源的浪费(约占全矿煤炭损失的40%)。而且，采空区侧煤柱被压酥，甚至压碎，极易造成采空区煤柱自然发火，严重威胁矿井的安全生产。

沿空留巷可以实现连续开采和卸压开采，提高煤炭与瓦斯资源的采出率，以巷道掘进期间的锚固或架棚支护、采动期间的巷内辅助支撑和各种形式构筑的充填墙体形成的“三位一体”沿空留巷技术应用最为广泛。然而，无论是充填式、砌块式、墩柱式等工艺的充填墙体留设方式，还是充填工艺、充填材料，均存在工序繁多、成本较高的弊端，在薄煤层、低瓦斯、不易自燃的优质煤层当中，毫无经济优势可言。当近距离煤层重复采动时，充填墙体的突然失稳对下伏煤层的开采还容易造成冲击动载影响和安全隐患，制约了沿空留巷这一科学采矿模式的发展。

本书基于国内外沿空留巷技术的应用成果，对近距离煤层无墙体沿空留巷新技术开展科研攻关研究，为近距离煤层沿空留巷开辟了一条新的路径，其实践过程中积累的技术和现场管理经验具有很高的推广价值，推动了我国煤矿采煤工作面沿空留巷技术的发展，加快了我国煤矿科技创新的步伐，为我国煤矿实现高产高效化生产打下了坚实的基础。

本书共分为6章:第1章为绪论,介绍了沿空留巷技术的研究现状及存在的问题;第2章为沿空留巷巷道围岩性能与支护材料性能测试实验,对现场的煤层顶板锚固环境、岩石物理力学性能以及煤系地层微观形貌等进行测试分析,并对不同材质、规格的支护材料进行比对分析,为进行煤巷锚杆支护方案和支护参数的研究提供依据;第3章为近距离煤层无墙体沿空留巷围岩控制理论基础,重点分析了近距离沿空留巷力学环境及基本顶破断特征,计算了无墙体沿空留巷巷旁切顶及巷内支撑载荷数值;第4章为近距离煤层无墙体沿空留巷围岩控制关键技术,重点介绍了沿空留巷的围岩控制技术,设计了巷旁切顶组合支架;第5章为近距离煤层无墙体沿空留巷工程案例,介绍了老母坡矿3109工作面和兰花宝欣矿3103工作面成功应用无墙体沿空留巷的成果;第6章为主要结论及创新性。

由于著者水平有限及时间紧促,书中不妥之处在所难免,欢迎有关专家、学者和广大读者批评指正。

著　者

2016年8月

目　录

1 绪　论

1.1 研究背景

沿空留巷技术能够较好地实现无煤柱护巷，它是煤矿开采技术的一项重大改革，不仅是合理开发煤炭资源、提高煤炭资源采出率、延长矿井服务年限、减少巷道掘进量、缓解采掘接替矛盾、取消孤岛工作面及缩短搬家时间、防止煤自然发火、有利于矿井安全生产和改善矿井技术经济效果的一项重大的护巷技术，也是矿山进行采煤方法改革、实现前进式和往复式开采、实现Y型通风方式、治理工作面瓦斯超限难题的最有效途径，其技术优势和经济效益显著。沿空留巷技术自20世纪50年代在我国开始应用以来，一直是我国煤炭开采的重要技术发展方向。到目前为止，我国在沿空留巷理论与技术研究方面做了大量的工作，在条件较好的薄及中厚煤层采煤工作面的沿空留巷技术已日趋完善，巷旁支护、巷内支护、加强支护及煤帮加固技术已日趋成熟，但在条件困难的中厚煤层或厚煤层较大断面巷道中采用沿空留巷技术仍存在着一些技术难题，使得一些矿井在应用沿空留巷技术时没有取得预期的效果，甚至留巷失败，从而限制了沿空留巷技术在我国的推广应用。

目前，近距离煤层采空区下无充填墙体沿空留巷技术尚未完全成熟，存在支护材料消耗大、留巷断面底板鼓起剧烈等问题。而近距离煤层群采空区下无充填墙体的沿空留巷尾巷复用尚属首次，显然，无充填墙体简易沿空留巷属于世界性难题，尚未有可供直接应用的成熟技术成果和可以直接借鉴的成功案例。

1.2 国内外沿空留巷研究现状

1.2.1 国外沿空留巷工程实践及理论研究

在国外如德国、波兰及俄罗斯等国家都试验采用过沿空留巷技术。德国传统的巷旁支护多采用木垛、矸石带等。20 世纪 60 年代末，德国根据本国资源特点，研究成功了采用石膏、飞灰加硅酸盐水泥、矸石加胶结料等低水材料进行巷旁充填，有效地减少了重型支架和巷道的变形，从而实现 14～18 m^2 断面巷道第二次利用，且不需修复，取得了良好的经济效益。目前，该国有 1/3～1/2 的沿空留巷采用这项技术。而且，德国在采深 800～1 000 m 的煤层开采中成功地运用了沿空留巷技术，并通过实测得出了预计留巷移近量的经验公式。

但是，一直应用金属支架作为巷内支护的一般方法，经过 2 次动压作用的沿空留巷，围岩变形量较大，金属支架难以适应沿空留巷围岩的大变形，支架破坏严重，巷道维护效果较差。

在沿空留巷理论研究方面，国外已有较长的历史。英国学者 Whittaker 等将采场矿压研究的 Wilson 模型加以发展，利用岩体结构静力关系提出了分离岩块力学模型（Detached Block Theory）。苏联学者 B.胡托尔诺依将采场矿压悬梁模型推广到沿空留巷研究中，得到了巷旁支护切断直接顶的工作阻力计算式。这些理论都认为：作为直接顶之上的基本顶破断后能形成自身平衡的结构。直接顶沿煤壁破断后形成一个与基本顶无力学联系的孤立岩块，沿空留巷的支护阻力可按能支撑直接顶这一孤立岩块的重力计算。这些理论忽视了支护作用对顶板岩层稳定性和自承能力的影响。

英国学者 Smart 提出了顶板倾斜力学模型（Roof Beam Tilt

Theory)，这种方法的基本思想是限制巷道煤体一侧到采空区边缘之间的顶板下沉量，提出了顶板倾斜角和转动支点位置是巷旁支护设计的两个重要参数的观点。

1.2.2 我国沿空留巷支护技术的研究现状

1.2.2.1 我国沿空留巷技术的发展历程

根据沿空留巷巷内和巷旁支护方式，我国沿空留巷技术的发展历程大致可分为以下四个阶段：

第一阶段，20 世纪 50 年代起，在煤厚 1.5 m 以下的煤层中尝试着用矸石墙做巷旁支护，巷内主要采用木棚支护，其存在着矸石的沉缩量大、巷内支架变形严重、维护工作量大、工人垒砌矸石的工效低、劳动强度大、安全性差等问题，使其应用范围受到极大限制。

第二阶段，20 世纪 60～70 年代，在 1.5～2.5 m 厚的煤层中应用密集支柱、木垛、矸石带、砌块等作为巷旁支护，巷内多采用木棚、工字钢梯形支架支护，沿空留巷取得了一定成功，并得到了一定程度的应用。

第三阶段，20 世纪 80～90 年代，在大力推行综合机械化采煤后，随着采高不断增大，我国煤矿工作者在引进、吸收国外的沿空留巷技术的基础上，发展了巷旁充填护巷技术，巷内多采用 U 型钢可缩性金属支架。90 年代初期，沿空留巷理论与技术有了较大的发展，但由于巷内支护大多为被动支护，加之巷旁充填技术还不完善，其支护技术难以适应大断面沿空留巷的要求，在 90 年代中后期，沿空留巷技术应用范围又呈减少趋势。

第四阶段，21 世纪以来，随着锚网索支护技术的推广应用和巷旁充填技术的不断完善，我国有些学者在厚煤层综放工作面进行了沿空留巷技术试验研究，如潞安集团常村煤矿 S2-6 综放工作面，巷内采用锚梁网索联合支护，巷旁运用高水材料充填加上空间锚栓加固网技术，进行综放大断面沿空留巷试验，并取得初步成功。

1.2.2.2 我国沿空留巷巷内和巷旁支护主要形式

(1) 巷内支护主要形式。目前我国沿空留巷巷内支护主要形式有以下几种：① 工字钢梯形刚性金属支架；② 工字钢梯形可缩性金属支架；③ U型钢可缩性金属支架；④ 锚杆；⑤ 锚网索；⑥ 联合支护。

(2) 巷旁支护主要形式。我国煤矿在应用沿空留巷技术时，绝大多数都要设置巷旁支护。应用较多的巷旁支护形式有以下几种：① 木垛；② 密集支柱；③ 矸石带；④ 砌块；⑤ 巷旁充填带。

1.2.2.3 我国沿空留巷理论研究现状

孙恒虎等根据煤层顶板特征和弹塑性力学的有关理论，将长壁工作面沿空留巷的煤层顶板简化成了层间结合力忽略不计的矩形"叠加层板"，认为沿空留巷支护载荷只与短支承边界的载荷有关。

郭育光等研究认为，巷旁支护应具有早期强度高、增阻速度快的特点，紧随工作面构筑，及时支护直接顶，避免与上部基本顶离层，并切断直接顶，减小巷旁支护载荷，控制巷道变形。随着工作面推进，巷旁支护阻力应达到切顶阻力，当基本顶弯矩在巷旁支护边缘附近达到极限时，切断基本顶。垮落的矸石由于破碎后体积增大，当充满采空区时，更上位岩层在煤体和矸石的支撑下，取得运动平衡，巷道围岩变形趋向缓和。采高决定巷旁支护的切顶高度。巷旁支护阻力大小应根据块体不同时期的平衡条件推导出不同的计算式。

李化敏分析了沿空留巷顶板岩层运动的过程及其变形特征，明确了顶板岩层运动各阶段巷旁充填体的作用，根据充填体与顶板相互作用原理，确定了各阶段沿空留巷巷旁充填体支护阻力的控制设计原则，并建立了相应的支护阻力及合理压缩量数学模型。

漆泰岳等通过现场实测和理论分析，对不同围岩条件下基本顶断裂引起的整体浇注护巷带的支护强度和变形能力进行了深入研究，提出了使沿空留巷巷道保持稳定的整体浇注护巷带支护强度与变形的理论计算方法，进而对沿空留巷整体浇注护巷带的适应性进行了研究。

谢文兵等在工程实践的基础上，采用适于分析岩层断裂和垮落的数值分析软件UDEC建立相应的数值分析模型，详细分析了综放沿空留巷围岩移动规律，系统分析了基本顶断裂位置、端头不放顶煤长度、原有巷道支护技术、充填体宽度、充填方式和充填体强度对综放沿空留巷围岩稳定性的影响规律，得出了许多有益的结论。研究结果表明，在保证顶煤及顶板稳定的前提下，合理利用围岩移动规律，确定合理充填方式和充填体强度，既能保证充填体稳定，又能达到很好的留巷效果。

朱川曲等根据综放沿空留巷围岩变形大且围岩力学参数中有许多随机变量的特征，阐述了其支护结构可靠性分析的必要性。他应用工程结构可靠性理论，建立了综放沿空留巷支护结构可靠性分析模型，得到了支护结构可靠度的计算公式。研究认为，通过合理选择锚杆类型、加大锚杆支护密度、改善锚固体及充填材料力学性能等措施，可达到提高综放沿空留巷支护结构可靠性的目的。

本书从如何提高顶板岩层的自我承载能力入手，提出了一种主动的巷旁加强支护方式——巷旁锚索加强支护，建立了考虑巷帮煤体承载作用和巷旁锚索加强作用的沿空留巷力学模型，并分析了巷内锚杆支护和巷旁锚索加强支护的作用机理，利用理论分析所得结论，进行了工程实践，其研究成果为较大采高工作面沿空留巷技术提供了理论依据和借鉴经验。

1.3 沿空留巷技术存在的问题

我国在沿空留巷技术的应用方面进行了许多的探索，积累了丰富的经验，从薄煤层到厚煤层，从缓倾斜煤层到急倾斜煤层，都已有沿空留巷的成功经验。但是,由于我国煤矿地质条件多样,沿空留巷围岩控制机理复杂,巷旁支护技术还不十分完善,沿空留巷技术研究与应用仍存在着不足,如在支护设计思路、巷内支护、巷旁支护以及沿空留巷理论研究等方面还存在一定问题。

1.3.1 支护设计思路问题

以往采用沿空留巷技术时,支护设计思路不合理,大多将工作面回采前的巷道掘进与回采后的留巷相互独立,没有统筹考虑,没有将沿空留巷视为一项系统工程,如在对需要保留的巷道进行巷道支护形式选择和支护参数设计时,没有预先考虑后期沿空留巷技术的需要,从而导致沿空留巷后巷内支护体强度不能满足两次采动影响的要求、巷内支护与巷旁支护不匹配,使留巷效果达不到预期目标,甚至失败。

1.3.2 巷内支护问题

大量理论研究和生产实践表明,提高巷道围岩强度,并选择合适的巷内支护方式是保证留巷后巷道稳定的关键。随着综采、综放采煤技术的发展,工作面采高逐渐加大,由于工作面一次采出的煤层厚度增大,上覆岩层活动程度及波及的范围相应增加,回采巷道所受压力随采高的增加而增大,以及已采区和工作面采动引起的支承压力的叠加作用使巷道围岩应力增加,使得工作面超前支承压力影响距离加大,矿压显现剧烈,沿空留巷的顶板下沉量随开采厚度增加而增大,在工作面前方附近,巷道断面收缩率较大,若不采取合理的巷内支护方式将所留巷道的变形控制在一定的范围内,则很难保证所留巷道在下区段回采时能正常使用。以前国内沿空留巷巷内支护多采用金属支架,属被动支护,即使加大型钢质量、减小棚距仍难以维护所留巷道的稳定,因此有必要采用一种能主动提供支护阻力的巷内支护方式。支护形式试验巷道为深部高地应力、受强烈采动影响的沿空留巷，普通锚杆支护难以控制巷道掘进及留巷期间的强烈变形，不能满足生产要求。因此，确定巷内基本支护采用高预应力、强力锚杆与锚索支护系统。通过给强力锚杆与锚索施加高预紧力，并使其有效扩散到围岩中，有效控制围岩中裂隙张开和新裂纹产生、结构面离层与滑动，保持围岩在掘进与留巷期间的完整性。根据深部沿空留巷围岩变形与破坏的特点，确定采用高韧性、高延伸率、强力锚杆与锚索支护材料。

1.3.3　巷旁支护问题

巷旁支护作为沿空留巷的一个技术难点，在我国一直没有得到很好地解决。传统的巷旁支护存在支护阻力、可缩性等力学性能与沿空留巷围岩变形不相适应、密闭性能差和机械化程度低等缺点，不利于巷道维护和防止采空区漏风与自然发火，所以长期以来我国沿空留巷基本上只是应用在条件较好的薄及中厚煤层，条件困难或厚煤层中采用这种方式留巷成功率不高，大部分留巷需要翻修方可复用。传统的巷旁支护方式只适用于中厚以下煤层的低瓦斯矿井和无自然发火倾向的煤层。

高水速凝材料与高水灰渣材料巷旁充填、硬石膏等风力充填，都需要建立一套较为复杂的充填系统，而且充填设备性能不佳、充填材料成本较高。

根据沿空留巷围岩活动规律及大量的现场监测，将沿空留巷围岩活动分为3个阶段，即一次采动影响阶段、留巷稳定阶段和二次回采超前影响阶段。巷旁支护体设置后，参与每个阶段的围岩运动其受力特点和变形特征如下：

(1) 一次采动影响阶段位于工作面后方100 m范围内。受上区段工作面采动影响，采空区侧直接顶发生不规则或规则的垮落下沉，与上位基本顶发生离层，基本顶在直接顶垮落后，发生断裂、回转和下沉。巷旁支护体构筑在关键块的下方，关键块的断裂、回转和下沉，使支护体承受的载荷迅速增大，变形量显著增加。随着关键块的运动趋于稳定后，支护体受力略有下降，但仍维持在较高的水平。若此阶段巷旁支护体的支护阻力不足，或抗变形能力较差，支护体极可能发生变形失稳破坏，是留巷较为困难阶段。

(2) 留巷稳定阶段位于工作面后方 100 m 到第二个工作面超前采动影响之前。随着远离工作面，采空区侧向支承压力调整和沿空留巷围岩变形速度趋于稳定，岩块 A、岩块 B 和岩块 C 之间的铰接结构一般情况下不会发生改变，巷旁支护体受力基本不变，但随着支护体强度的降低，也可能发生支护体流变，导致其失稳破坏。沿空留巷关键块的力学模型如图 1.3.1 所示。

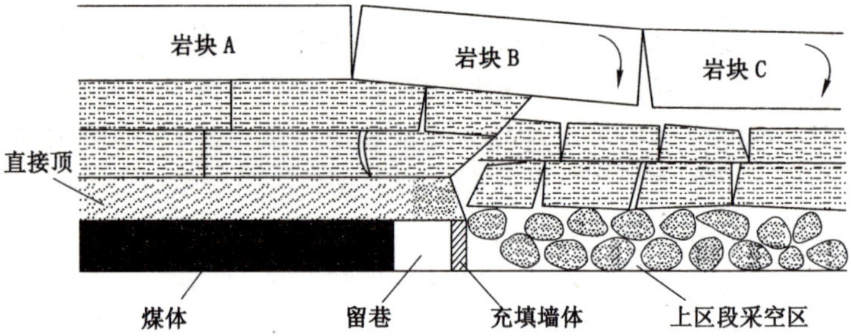

图 1.3.1　沿空留巷关键块的力学模型

(3) 二次回采超前影响阶段一般位于第二个工作面前方40 m 范围内。当受到 2 个工作面回采引起的支承压力叠加，支护体载荷再次迅速增大，支护体发生剧烈变形，在工作面附近达到最大值，但该阶段影响范围小，作用时间短，巷道使用后即废弃。

1.3.4　沿空留巷理论研究问题

沿空留巷与一般的回采巷道不同，其巷道的一侧帮为煤体，另一侧帮为巷旁支护体，属大变形围岩；同时，沿空留巷还必须承受掘进和两次强烈的采动产生的叠加应力的影响，矿压显现剧烈。因此，它的留设是一项极其复杂的工程技术。但到目前为止，对沿空留巷围岩控制机理的研究不够深入，对其所处的应力环境及其矿压显现规律掌握不够，构建的沿空留巷受力模型还不完善，还没有一套行之有效的沿空留巷支护参数设计方法，不能很好地指导沿空留巷工程实践，从而带来以下两种后果：一是因缺乏理论上的正确指导，在沿空留巷支护设计时，认为安全系数越高越好，造成不必要的经济损失；二是常因巷内支护和巷旁支护参数选择不合理而导致留巷失败，影响正常生产甚至煤矿安全，并造成重大的经济损失。

针对上述问题，应将沿空留巷技术视为一项系统工程。因用沿空留巷技术保留的巷道要经历掘进和两次强烈的采动影响，所以对所需留设的巷道，从掘进前的巷内支护参数设计、巷道施工到留巷期间的巷旁支护方式与参数选择，以及下个工作面回采期间的超前加强支护及日常的生产管理均应统筹考虑，这样才能保证沿空留巷技术的成功实施。

1.4 主要研究内容与技术路线

1.4.1 主要研究内容

(1) 工作面巷道煤(岩)层力学性质研究。

(2) 近距离沿空留巷力学环境及基本顶破断特征。

(3) 掘巷期间工作面顶板稳定性控制技术研究。

(4) 巷内辅助支撑载荷和切顶支架的力学原理。

(5) 留巷阶段巷道围岩控制。

(6) 留巷期间巷道矿压显现规律研究。

1.4.2 技术路线

根据研究内容，确定采用现场调研、理论分析、数值模拟和工程实践与监测的综合研究方法，技术路线如图 1.4.1 所示。

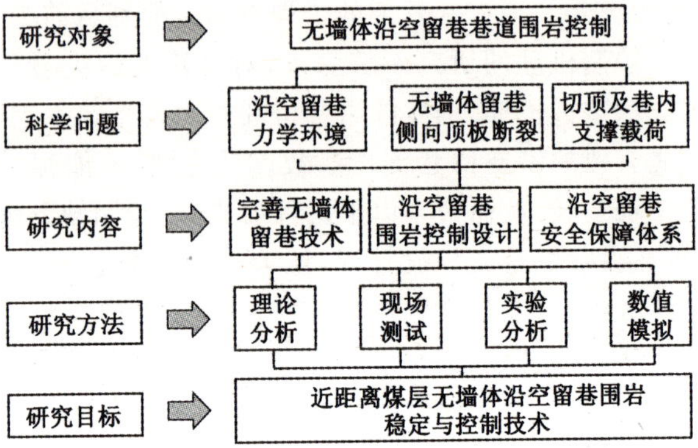

图 1.4.1　无墙体沿空留巷研究技术路线图

2 沿空留巷巷道围岩性能与支护材料性能测试实验

为进行煤巷锚杆支护方案和支护参数的研究，对现场岩层的岩性结构、层理、节理和构造，以及原岩应力等进行测试，并对不同材质、规格的支护材料进行对比分析，以确定安全第一原则的合理支护方案及经济最优方案。

基本测试包括以下内容：

（1）顶板岩性的随钻探测。根据顶板不同范围内岩层的钻速判断顶板岩性。

（2）顶板岩层的裂隙窥测。采用钻孔成像仪对固定钻孔进行长期窥测，或采用多段快速观测法对迎头后方顶板岩层的裂隙发育进行窥测。

（3）顶板岩层的完整性测试。采用岩石质量指标（rock quality designation，简称 RQD），对顶板岩层的类别进行界定。

（4）顶板岩层的锚固性测试。分别对锚杆、锚索采用不同锚固长度的锚固剂进行拉拔实验，以确定锚杆、锚索的临界长度和煤岩体锚固性能及临界锚固长度的测试分析。

（5）顶板岩性的微观测试分析，包括组分、矿物成分和微观形貌；采用定性和定量相结合的方式对煤系地层的顶板岩性进行划分。

（6）顶板岩性的物理力学性能测试分析。采用单轴抗拉、抗剪与抗压实验，测试岩石的强度指标和坚固性系数及脆性指标。

(7) 锚杆锚索力学性能测试分析。对现场使用的锚杆锚索进行单轴抗拉试验，测试锚杆锚索的弹性极限、屈服强度和极限载荷。

(8) 加锚岩石试件的物理力学性能测试。

(9) 不同煤岩界面及附件条件下锚杆扭矩与托锚力的作用关系测试。

此外，还应对巷道所处层位的地质力学条件进行评估，即以 γH 为主，浅埋煤层不考虑侧压系数，但在断层带或陷落柱区域应考虑应力叠加，并对巷道矿山压力的显现规律进行系统测试。

2.1 煤层顶板锚固环境测试

巷道顶板岩性和层理、裂隙、层厚等影响着锚固性能，本章首先通过对顶板 6～8 m 范围内的钻孔施工速度进行粗略调研，分析岩石的可钻性，粗略判断顶板软硬程度；再结合钻孔窥视仪对顶板岩层的完整性及松动范围进行探测，以期得到顶板岩层结构的发育和分布情况；最后结合煤系地层的岩石取芯结果，计算岩石的 RQD 值，为顶板锚杆、锚索的长度选择提供依据。

2.1.1 顶板钻孔钻速的调查与分析

以某煤矿 2 号、3 号煤层的顶板施工 6～7 m 锚索孔为例，记录每米钻杆随钻施工的时间，以此反演顶板岩性的坚硬程度。课题组与矿方人员在 2015 年 1 月 29 日和 2015 年 8 月 18 日分别在 2 号煤层 2105 回风平巷和 3 号煤层 3103 回风平巷的顶板进行了钻速钻进的探测调研，测试数据见表 2.1.1，根据表 2.1.1 数据绘制出不同钻孔位置的钻速分布及成孔直方图，如图 2.1.1 所示。

表 2.1.1 某矿 2 号、3 号煤层回采巷道顶板钻速钻进实测数据汇总

钻杆深度/m	2105-1 回风平巷		2105-2 回风平巷		3103-1 回风平巷		3-3-1		3-3-2		3-2-1	
	打钻时间/s	准备时间/s	打钻时间/s	准备时间/s	打钻时间/s	准备时间/s	打钻时间/s	准备时间/s	打钻时间/s	准备时间/s	打钻时间/s	准备时间/s
0～1	45	25	55	28	37	55	60	47	54	38	250	55
1～2	35	20	37	15	45	17	54	41	56	62	200	55
2～3	65	10	75	20	60	28	62	36	24	38	130	55
3～4	60	10	40	15	64	10	81	66	77	34	185	55
4～5	60	15	45	18	61	15	56	39	51	34	83	55
5～6	40	30	47	87	50	10	57	35	55	99	80	55
6～7	115	—	33	80	61	19	53	35	53	37	120	55
7～8	—		45	30	82	—	122	35	66	44	202	55
8～9			40	—	—	—	92	—	70	—	95	—
时间小计/s	420	110	417	293	460	154	637	334	506	386	1 345	440
时间占比/%	79.2	20.8	58.7	41.3	74.9	25.1	65.6	34.4	56.7	43.3	75.4	24.6
成孔时间/s	530		710		614		971		892		1 785	

由表 2.1.1 和图 2.1.1 可以得出：

(1) 2 号煤层顶板共钻孔 2 个，钻进深度分别为 6～7 m 和 8～9 m；两孔总用时分别为 530 s 和 710 s，其中打钻时间分别为 420 s 和 417 s，钻进时长基本一致，打钻时间占各自成孔时间分别为 79.2％和 58.7％；从 2 号煤层顶板有效钻进时间来看，在 6～7 m处(1 号孔)和 2～3 m 处(2 号孔)用时最长，此段岩性最硬，现场使用的锚索和锚杆长度较为合理，锚固环境较好。

(2) 3 号煤层顶板共施工钻孔 4 处，用时分别为 614 s、971 s、892 s 和 1 785 s，最后一个孔的钻进时长和更换钎杆的准备时间

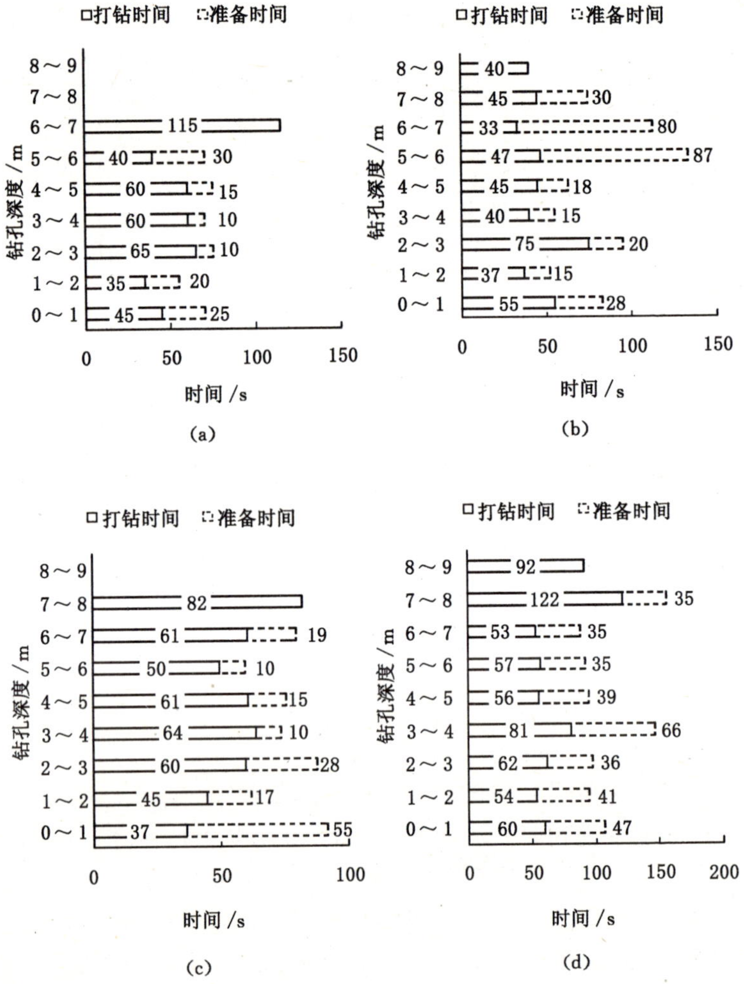

图 2.1.1 某矿 2 号、3 号煤层回采巷道顶板钻速钻进分布图

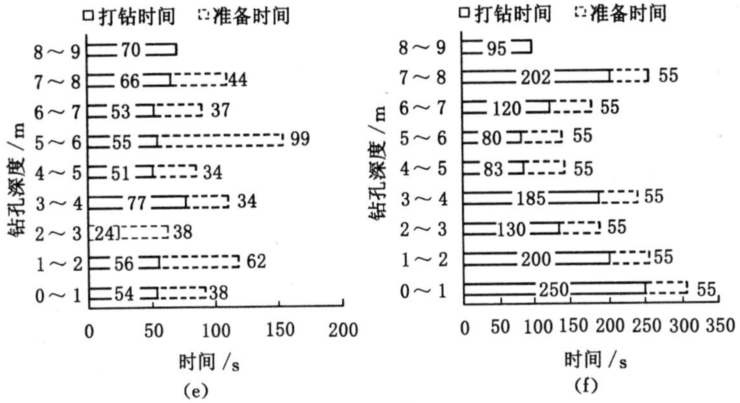

续图 2.1.1　某矿 2 号、3 号煤层回采巷道顶板钻速钻进分布图

(a) 2105-1 回风平巷孔；(b) 2105-2 回风平巷孔；(c) 3103-1 回风平巷孔；
(d) 3-3-1 孔；(e) 3-3-2 孔；(f) 3-2-1 孔

均最长，4 个孔的实际钻孔时间分别为 460 s、637 s、506 s 和 1 345 s。顶板钎杆钻进用时长的范围分别为 7～8 m、7～8 m、3～4 m 和 0～1 m；其中 3～4 m 钻孔分别用时 64 s、81 s、77 s 和 185 s，基于处于各孔所占时长的前列。

（3）从锚固环境和锚固原理来看，2 号煤层顶板 3～6 m 区域的岩层钻进用时亦较长，3 号煤层巷道顶板钻进与 2 号煤层相似，在保证锚固长度和拉拔实验较理想的情况来看，具备使用 4 m 左右锚索的优化空间。

2.1.2　顶板岩层的完整性及松动范围探测

巷道顶板岩层结构是影响锚杆或锚索锚固效果的关键因素。顶板岩层结构完整，锚固系统锚固效果好，能够有效地发挥锚杆（索）的支护作用，在顶板中形成较好的预应力支护效果，有效控制顶板的变形和下沉，相反则不利于锚固系统发挥效用。岩层钻孔窥视试验，利用顶板钻孔对顶板岩层结构进行观测和分析，能够准确地观测顶板的破碎情况和裂隙发育情况，为锚杆锚索支护参数的确定提供依据。

2.1.2.1　试验仪器与观测方案

2.1.2.1.1　试验仪器

本试验采用的仪器为中矿华泰 YTJ20 型岩层探测记录仪，如图 2.1.2 所示。其工作原理为：直径为 25 mm 的钻孔探测仪送入钻孔中，随着探头的不断深入，输出钻孔内孔壁的图像。其输出的图像可用于孔壁的岩性识别及钻孔表面观察，具体观测结果以视频、图片的方式反映。

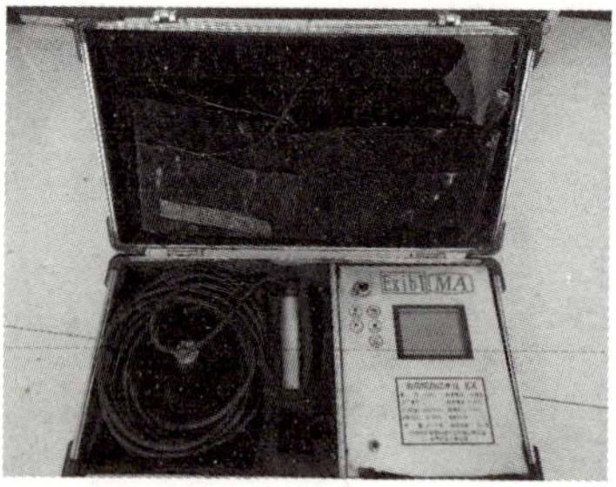

图 2.1.2　YTJ20 型岩层探测记录仪

观测过程中所需的仪器见表 2.1.2。

表 2.1.2　探测所需仪器

序号	仪器名称	数量	序号	仪器名称	数量
1	YTJ20 型岩层探测记录仪	1 台	2	测杆	1 套 20 根

2.1.2.1.2　观测方案及测站设置

本次钻孔窥视试验选择在某煤矿 2 号、3 号煤层回采巷道进行，其中 2 号煤层选择在 2105 进风平巷，共设置观测断面 4 个；3 号煤层选择在 3103 回风平巷，设置观测断面 4 个。2 号、3 号煤层观测断面布置位置如图 2.1.3 所示，2 号、3 号煤层窥视试验观测断面的位置参数如表 2.1.3 所列。

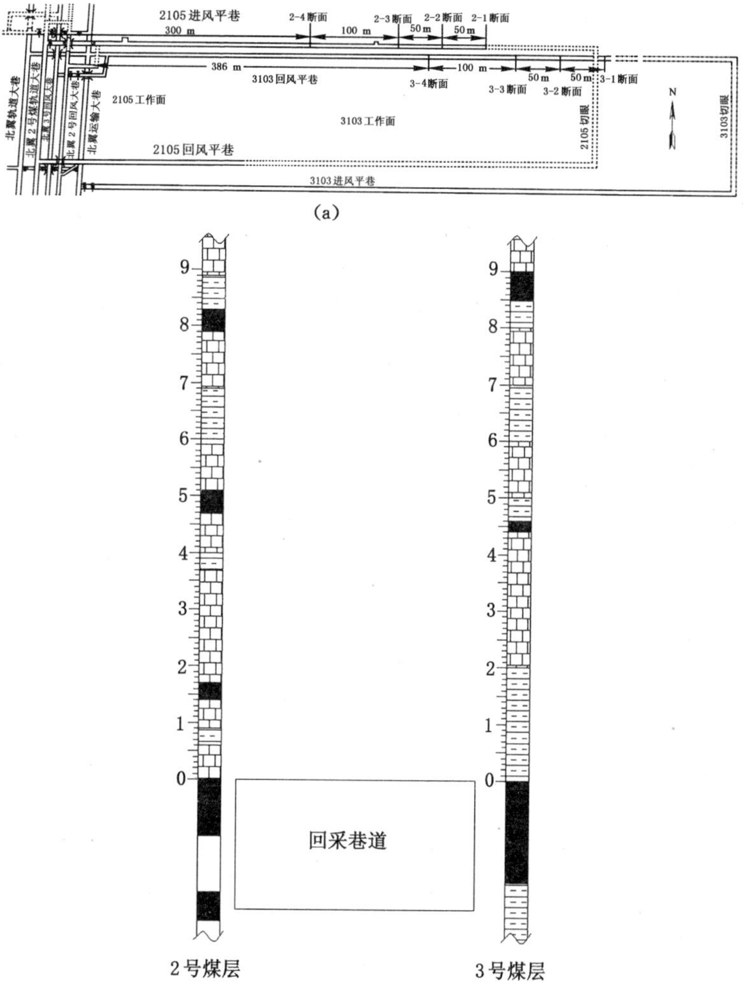

图 2.1.3　2 号、3 号煤层窥视断面及顶板岩性示意图

(a) 窥视地点及断面布置示意图；(b) 巷道顶板层位示意图

表 2.1.3　2 号、3 号煤层顶板分区测试断面位置参数明细

煤层编号	观测断面编号	试验期间观测断面相对位置	巷道进度牌/m	观测断面的位置坐标
2 号	2-1	2105 进风平巷迎头	500	X:4 039 995.33 m, Y:37 603 763.67 m,Z:803.8 m
	2-2	距迎头 50 m	450	X:4 039 995.33 m, Y:37 603 713.67 m,Z:811.2 m
	2-3	距迎头 100 m	400	X:4 039 995.33 m, Y:37 603 663.67 m,Z:813.3 m
	2-4	距迎头 200 m	300	X:4 039 995.33 m, Y:37 603 563.67 m,Z:815.3 m
3 号	3-1	3103 回风平巷迎头	520	X:4 040 026.55 m, Y:37 603 842.66 m,Z:782.7 m
	3-2	距迎头 50 m	480	X:4 040 026.55 m, Y:37 603 792.66 m,Z:788.0 m
	3-3	距迎头 100 m	430	X:4 040 026.55 m, Y:37 603 742.66 m,Z:789.0 m
	3-4	距迎头 200 m	380	X:4 040 026.55 m, Y:37 603 642.66 m,Z:790.1 m

在每个观测断面顶板分别布置 2 个窥视钻孔，钻孔直径为 42 mm，钻孔的深度为 9 m，且要求钻孔垂直巷道顶板布置。其中 1 号钻孔布置于巷道顶板的中央，2 号钻孔布置在 1 号钻孔和巷道左帮正中间位置。断面钻孔布置如图 2.1.4 所示。

2.1.2.2　围岩破坏程度分类及分区示意

2.1.2.2.1　围岩破坏程度分类

根据某矿 2 号、3 号煤层钻孔窥视试验记录的围岩破坏程度，将某矿钻孔内围岩破坏程度分为严重破碎（围岩呈大块状）、中等破碎（围岩呈中等块度）、轻度破碎（围岩呈碎鱼鳞状）、松散、离层（或裂隙）、完整等情况，分别如图 2.1.5 所示。

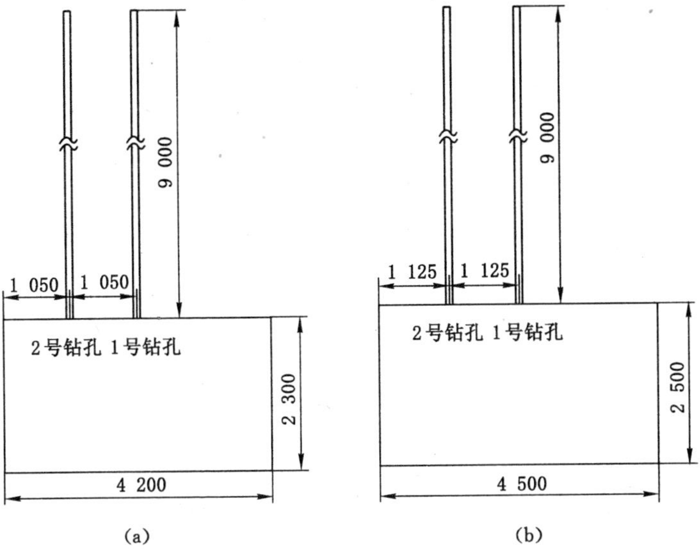

图 2.1.4 观测断面钻孔布置示意图

(a) 2 号煤层;(b) 3 号煤层

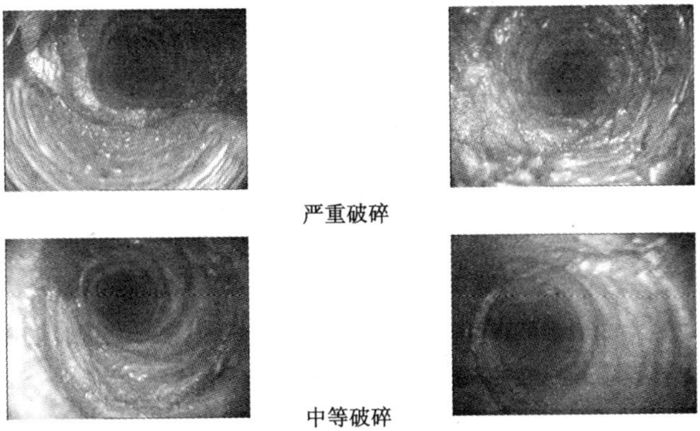

图 2.1.5 钻孔窥视围岩破碎分类图像

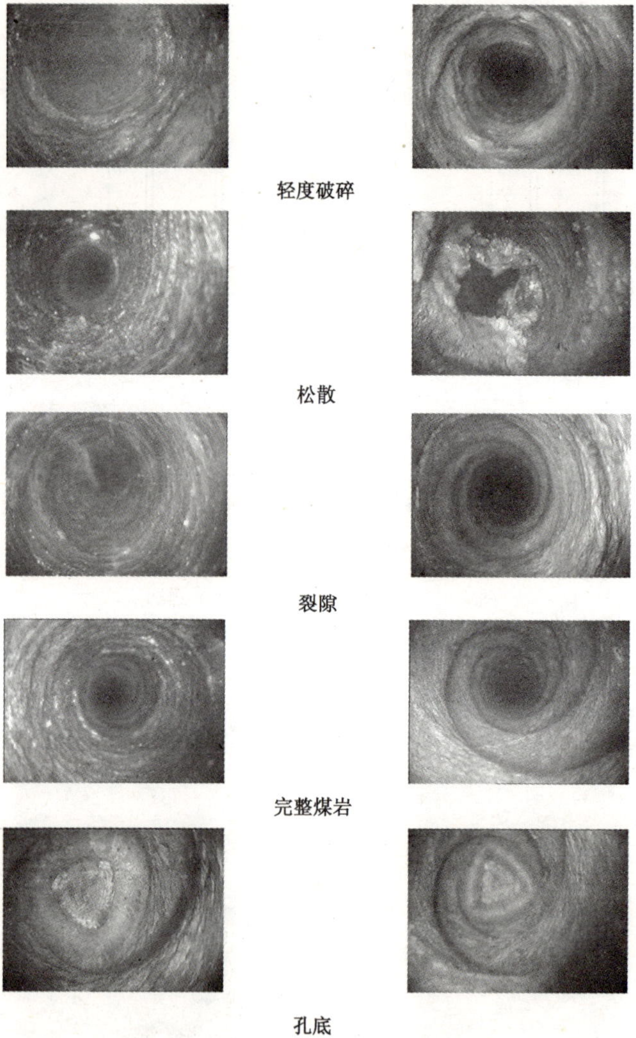

续图 2.1.5　钻孔窥视围岩破碎分类图像

2.1.2.2.2 围岩破坏程度分区图

根据钻孔窥视观测，将孔内围岩破坏程度沿钻孔由内向外依次描绘在图 2.1.6(a)、(b)上，可得到 2 号和 3 号煤层的围岩破坏程度分区图。

2.1.2.2.3 围岩破坏分区规律

(1) 巷道迎头顶板比较完整，即使在岩层浅部层位和表面也没有出现轻微及以上破碎，其中巷道中部钻孔窥视表明浅部围岩有细微裂隙，巷道左帮钻孔窥视表明岩层结构完整，无裂隙。

(2) 在滞后窥视时迎头 50 m 处，2 号煤层浅部 0～2 m 范围内岩层有裂隙，裂隙层位与迎头裂隙层位基本一致，同时在深部岩层中也产生裂隙；3 号煤层顶板表面为中等破碎区，在深部 2～9 m范围内，钻孔内局部出现轻微破碎区，窥视显示破碎区前后的岩性发生了变化。在滞后窥视时迎头 100 m 处，窥视表明 2 号煤层浅部岩层层位有裂隙并产生轻微破碎，深部岩层也产生裂隙；3 号煤层顶板表面为中等破碎，浅部岩层有裂隙，深部岩层完整无裂隙。在滞后窥视时迎头 200 m 处，2 号煤层顶板表面为中等破碎，在深部岩层处有裂隙并伴随轻微破碎区；3 号煤层巷道顶板产生严重破碎，并且在深部岩层产生较大的轻微破碎区。

(3) 窥视结果表明，随着时间的推移，观测断面巷道顶板浅部围岩内裂隙持续扩展，进而演化为轻微破碎区，最终变化为严重破碎，深部围岩也逐渐开始产生裂隙和轻微破碎区，并持续扩展。

(4) 由于煤层倾角、局部地质构造、岩性变化等因素影响，在顶板的局部范围内会产生一些裂隙及破碎区，且随时间扩展和变化现象明显。

2.1.3 岩芯的 RQD 计算与分析

为什么需要测试岩芯的 RQD 数值呢？这是因为锚杆锚固的

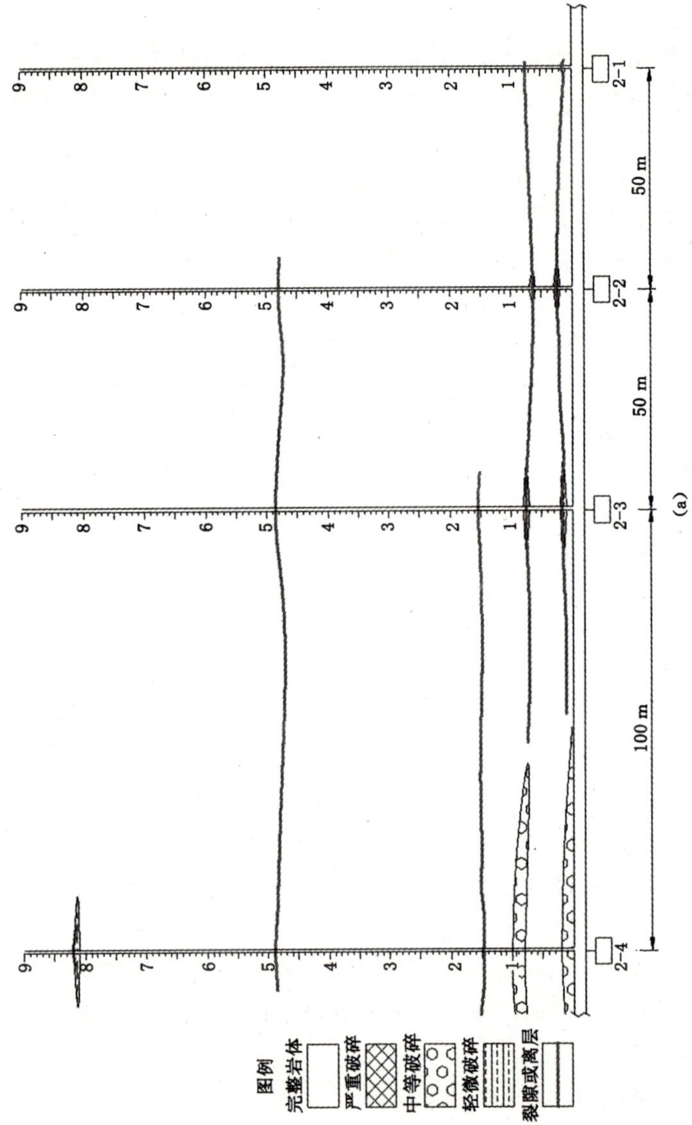

图 2.1.6　钻孔窥视围岩破坏分区示意图

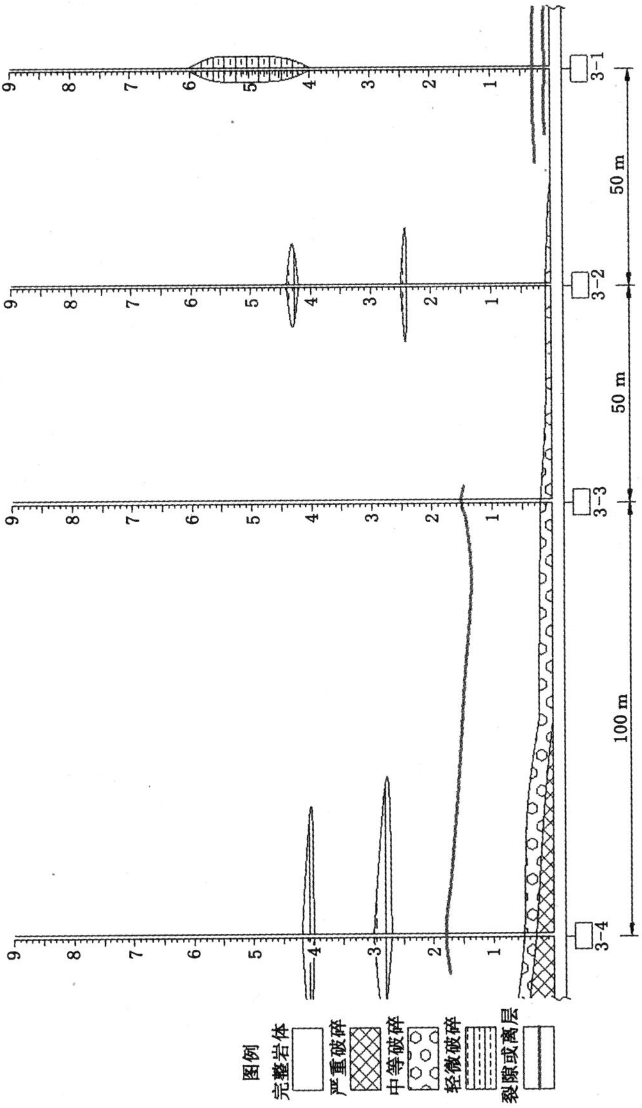

(b)

续图 2.1.6　钻孔窥视围岩破坏分区示意图

(a) 2号煤层；(b) 3号煤层

理论不只有悬吊理论、梁拱理论、最大水平应力理论及松动圈支护理论，以这些为代表性的理论强调了碎裂岩体亦有较强的承载性能，但实际上煤矿巷道支护，尤其是受强烈采动支承应力影响的回采巷道，需要我们研究破裂、非连续体的承载结构问题。

2.1.3.1 RQD 指标概述

RQD 指标是国际上通用的鉴别岩石工程性质好坏的指标，由美国伊利诺斯大学提出，通过采用直径为 75 mm 的金刚石钻头和双层岩芯管在岩石中钻进，连续取芯，将钻进所取岩芯中长度大于 10 cm 的岩芯段长度之和与该取芯周期进尺的比值以百分比表示，即为 RQD 值。按 RQD 值的高低，将岩石质量划分为五类，见表 2.1.4。按照围岩松动范围的顶板分类，见表 2.1.5。

表 2.1.4　　按 RQD 指标的岩石质量类别划分标准

类别	RQD/%	岩石质量	类别	RQD/%	岩石质量
Ⅰ	≥90	好	Ⅳ	[25,50)	差
Ⅱ	[75,90)	较好	Ⅴ	<25	很差
Ⅲ	[50,75)	一般			

表 2.1.5　　巷道围岩松动圈分类

类别	稳定性类别	松动圈/cm	支护机理及方式	备注
1	稳定围岩	0～40	喷混凝土支护	围岩整体性好，不易风化的可不支护
2	较稳定围岩	40～100	锚杆悬吊理论、喷层，局部支护	
3	一般围岩	100～150	锚杆悬吊理论、喷层，局部支护	刚性支护大面积破坏，可采用可缩性支护

续表 2.1.5

类别	稳定性类别	松动圈/cm	支护机理及方式	备注
4	一般不稳定围岩	150～200	锚杆组合拱理论、喷层,金属网局部支护	刚性支护大面积破坏,采矿用可缩性支护
5	不稳定围岩	200～300	锚杆组合拱理论、喷层,金属网局部支护	围岩变形有稳定期
6	极不稳定围岩	>300	待定	围岩变形一般在支护下无稳定期

显然,RQD 值主要反映岩石完整程度,即裂隙在该地段地层中的发育程度,没有考虑节理的延伸和岩性的类别。

2.1.3.2 现场样品取芯说明

2015 年 1 月至 3 月分别在某矿 3 处地点进行了取芯工作,取芯地点坐标及工程地点详见表 2.1.6,其中 1 号、2 号孔为 3 煤顶板至 2 煤顶板 6～8 m 止,取芯直径 50 mm,3 号孔还对 3 煤底板5 m 深度进行取芯工作,取芯直径 70 mm。3 处岩芯的实照如图 2.1.7 所示。

表 2.1.6 某矿取芯地点的坐标及工程地点

编号	X/m	Y/m	Z/m	备注
1号	4 040 067.69	37 603 754.44	805	北 3 号总回风道
2号	4 039 947.10	37 603 427.79	795	3103 回风平巷
3号				北翼运输大巷

2.1.3.3 3 处地点 RQD 统计分析

由于 1 号、2 号孔岩芯直径为 50 mm,且记录不连续,仅以取得岩芯为全长对所有长度范围内的 RQD 进行计算;但对于 3 号

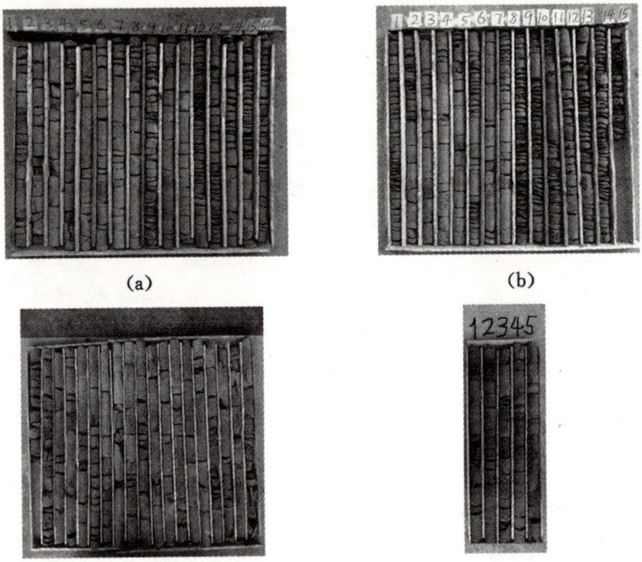

(a) (b) (c) (d)

图 2.1.7　某矿 3 处地点岩芯取芯结果

(a) 1 号孔岩芯；(b) 2 号孔岩芯；(c) 3 号孔 3 煤顶板岩芯；(d) 3 号孔 3 煤底板岩芯

孔全长和 3 煤和 2 煤顶板 7 m 范围以内的岩层 RQD 计算见表 2.1.7、表 2.1.8 和表 2.1.9。

表 2.1.7　3 号孔 3 煤顶板 7 m 范围内 RQD 分布明细

项目名称	0～1 m	1～2 m	2～3 m	3～4 m	4～5 m	5～6 m	6～7 m	平均
0.1 m 以上节数	3	4	2	1	1	5	4	2.86
0.1 m 以上总长/m	0.370	0.980	0.860	0.300	0.300	1.050	1.030	0.70
本段岩芯总长/m	0.915	1.080	0.950	0.830	0.830	1.185	1.030	0.97
RQD/%	40.44	90.74	90.53	36.14	36.14	88.61	100	68.94
RQD 类别	Ⅳ	Ⅰ	Ⅰ	Ⅳ	Ⅳ	Ⅱ	Ⅰ	Ⅲ

表 2.1.8 3号孔2煤顶板7 m范围内RQD分布明细

项目名称	0～1 m	1～2 m	2～3 m	3～4 m	4～5 m	5～6 m	6～7 m	平均
0.1 m以上节数	2	2	2	2	3	3	1	2.14
0.1 m以上总长/m	0.480	0.325	0.750	0.725	0.655	0.670	0.370	0.57
本段岩芯总长/m	0.840	0.800	0.941	0.928	0.915	0.975	0.970	0.91
RQD/%	57.14	40.63	79.70	78.13	71.58	68.72	38.14	62.01
RQD类别	Ⅲ	Ⅳ	Ⅱ	Ⅱ	Ⅲ	Ⅲ	Ⅳ	Ⅲ

表 2.1.9 现场3处取芯地点的岩芯RQD指标汇总明细

项目名称	1号孔	2号孔	3号孔顶板	3号孔底板
RQD(0～1 m)/%	10.50	0.00	39.00	75.50
RQD(1～2 m)/%	0.00	35.00	60.50	55.50
RQD(2～3 m)/%	53.50	38.00	63.50	51.00
RQD(3～4 m)/%	24.00	30.00	62.00	59.00
RQD(4～5 m)/%	33.40	25.00	72.00	66.00
RQD(5～6 m)/%	44.60	20.00	95.50	—
RQD(6～7 m)/%	32.80	25.00	31.00	—
孔内大于0.1 m的总节数	34	25	72	22
孔内大于0.1 m的总长度/m	4.85	3.872	18.46	3.07
本孔岩芯总长/m	16.606	13.508	23.629	5.000
RQD/%	29.21	28.66	78.12	61.40
RQD类别	Ⅳ	Ⅳ	Ⅱ	Ⅲ

2.1.3.4 3处地点RQD分析结果与不足

（1）3处地点4个孔均呈现出了浅部围岩相对破碎，深部岩石相对完整的规律和特点。由于受取芯样品直径的影响，1号孔和2号孔直径50 mm岩芯的RQD指标仅为29.21%和28.66%，类别仅为Ⅳ类；3号地点取芯套筒直径为70 mm，顶板和底板全长范围内的RQD指标分别为78.12%和61.40%，类别达到Ⅱ类，远好于前两处地点。

(2) 就每米岩芯的RQD来说，1号孔和2号孔岩芯均在2～3 m范围内达到最大，分别为53.5%和38.0%；由于过多的样品没有包裹邮寄，对此二孔的分析仅限于此。

(3) 3号孔顶板取芯部长度达到23.629 m，取芯0～7 m即3煤顶板7 m范围内岩芯RQD类别为Ⅲ类，其中以6～7 m处岩石最为完整，RQD甚至达到100%；1～3 m次之，但也超过了90%，为90.74%和90.53%，类别均为Ⅰ级；5～6 m范围内再次之，为88.61%；3～5 m范围最差，仅为36.14%，如果锚索的长度取4 m，则应考虑加大锚固长度，否则，此段容易产生渐次脱黏导致的锚固失效。

(4) 3号孔2煤顶板7 m范围内的岩芯RQD类别为Ⅲ级，但在2～4 m范围内的类别均为Ⅱ类，2～3 m最大，达到79.70%，3～4 m范围为78.13%，基本具备选择4 m锚索长度的前提和可能。此外，6～7 m岩芯RQD最差，仅为38.14%。

(5) 3号孔底板岩芯的RQD均超过50%，2～3 m段最小，为51.0%，0～1 m段最大，为75.5%，总体平均达到61.4%，类别为Ⅲ类，其原因为下向钻孔施工相对较易，但从孔内取出岩芯时操作不易。

(6) 取芯工作的不足：① 岩芯的净直径应为75～100 mm，否则计算得出的RQD指标与实际出入较大，且仅可以针对岩芯进行随后的力学性能测试；② 现场取芯的工作不宜过快，从岩芯记录表中可以看出，样品受取芯速度影响明显，时间愈短，岩芯的质量相对愈差，但岩石断口均为层理均新鲜非原生界面；③ 现场取芯时应有一定的角度，但本次分析未考虑取芯孔倾角的影响；④ 取芯过程中煤线或 2 号煤层较脆，未能取芯成功，且对岩芯累计长度计算造成影响；⑤ 现场取芯操作完成后，没有对孔内进行窥视，否则岩石的 RQD 指标对比性更强。

2.1.4 测试结果分析

（1）通过 2 号、3 号煤层回采巷道顶板钻孔钻速的实测结果，并结合锚固环境和锚固原理，两煤层回采巷道的顶板锚杆长度选择较合理，并具备一定的优化空间；此外 2 号煤层顶板 3～6 m 区域的岩层钻进用时亦较长，3 号煤层巷道顶板钻进与 2 号煤层相似，在保证锚固长度和拉拔实验较理想的情况来看，顶板锚索具备使用 4 m 长度的优化空间。

（2）在滞后窥视时迎头 50 m 处，2 号煤层浅部 0～2 m 范围内岩层有裂隙，裂隙层位与迎头裂隙层位基本一致，同时在深部岩层中也产生裂隙；3 号煤层顶板表面为中等破碎区，在深部 2～7 m范围内，钻孔内局部出现轻微破碎区，窥视显示破碎区前后的岩性发生了变化。在滞后窥视时迎头 100 m 处，窥视表明 2 号煤层浅部岩层层位有裂隙并产生轻微破碎，深部岩层也产生裂隙；3 号煤层顶板表面为中等破碎，浅部岩层有裂隙，深部岩层完整无裂隙。在滞后窥视时迎头 200 m 处，2 号煤层顶板表面为中等破碎，在深部岩层处有裂隙并伴随轻微破碎区；3 号煤层巷道顶板产生严重破碎，并且在深部岩层产生较大的轻微破碎区。

（3）3 处地点 4 个孔均呈现出了浅部围岩相对破碎，深部岩石相对完整的规律和特点。由于受取芯样品直径的影响，1 号孔和 2 号孔直径 50 mm 岩芯的 RQD 指标仅为 29.21% 和 28.66%，类别仅为Ⅳ类；3 号地点取芯套筒直径为 70 mm，顶板和底板全长范围内的 RQD 指标分别为 78.12% 和 61.40%，类别达到Ⅱ类，远好于前两处地点。

2.2 煤系地层岩石物理力学性能测试分析

岩石的物理力学性能包括岩石的抗压强度、抗拉强度和抗剪强度等，本章通过测试某矿2号、3号煤层煤系地层岩石的单轴抗压强度、抗拉强度和抗剪强度以得到岩石的强度、内摩擦角、黏聚力等关键指标数值大小及岩石的普氏系数等对锚固参数起决定影响作用的各项指标，为数值模拟参数取值提供依据。加工完成后的岩石试件如图2.2.1所示。

图2.2.1 某矿岩石力学实验试件

2.2.1 岩石单轴抗压强度实验

测试岩石的单轴抗压强度，是为了检验岩石的承载能力，并测定其普氏系数，根据普氏系数对岩石的分类原则及指标，进一步得出岩石按照普氏系数的分类，如硬岩、中硬岩或软岩。此外，根据苏联提出的垂直应力与单轴抗压强度的比值，即 $\gamma H/\sigma_c$，以确定顶板岩石的稳定系数 K，得出顶板岩石的类别，为锚杆参数的选择确定依据。

2.2.1.1 实验概况

2.2.1.1.1 样品的采制

通过 2 号、3 号煤层顶板和底板 8 种样品的泥岩和砂岩单轴抗压度实验，以分析岩石的单轴抗压强度、弹性模量、泊松比并计算岩石的普氏系数，确定顶板岩石的分类类别。制成的试件为圆柱形，直径 50 mm，高度 100 mm，高径比为 2，如图 2.2.2 所示。

测试实验在中国矿业大学煤炭资源与安全开采国家重点实验室 30 t 万能材料试验机上进行，采用 TS3866 型分布式静态电阻应变仪结合计算机进行数据采集，如图 2.2.3 所示。

2.2.1.1.2 测试分析原理

(1) 单轴抗压强度 σ_c。

利用材料试验机对岩石试件进行单轴压缩，使岩石试件在单轴压力下达到破坏的极限强度，数值等于破坏时的最大压应力，其抗压强度等于破坏时的载荷与受力截面积之比，即：

$$\sigma_c = \frac{P}{A} \tag{2.2.1}$$

式中 σ_c——单轴抗压强度，MPa；

P——试件破坏时的轴向载荷，kN；

A——试件的横截面积，cm^2。

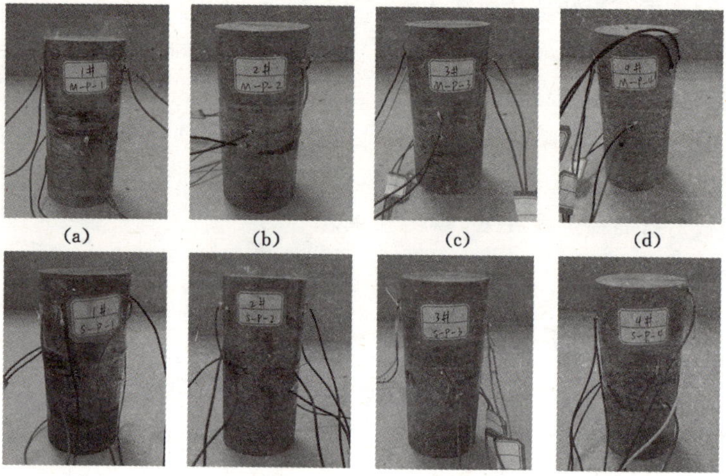

(e) (f) (g) (h)

图 2.2.2　单轴抗压强度测试的样品

(a) 1# M-P-1;(b) 2# M-P-2;(c) 3# M-P-3;(d) 4# M-P-4;
(e) 1# S-P-1;(f) 2# S-P-2;(g) 3# S-P-3;(h) 4# S-P-4

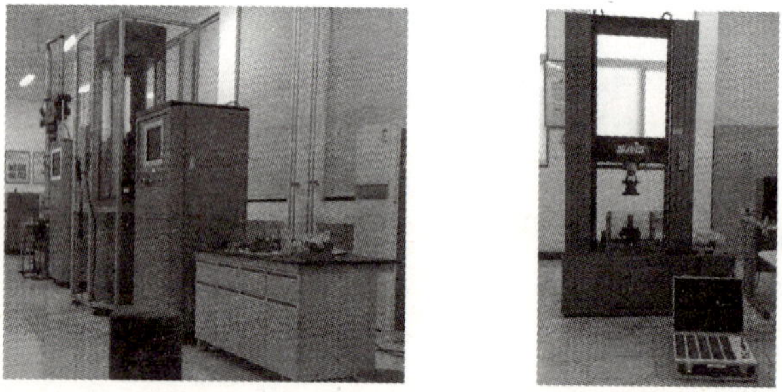

(a) (b)

图 2.2.3　单轴抗压强度测试的主要仪器

(a) 30 t 万能材料试验机;(b) TS3866 型分布式静态电阻应变仪

(2) 试件弹性模量 E：

$$E = \frac{\sigma_c}{\varepsilon_1} \tag{2.2.2}$$

式中 E——试件的弹性模量，MPa；

ε_1——试件的轴向应变。

(3) 试件泊松比 μ：

$$\mu = \frac{\varepsilon_2}{\varepsilon_1} \tag{2.2.3}$$

式中 μ——试件的泊松比；

ε_2——试件的横向应变。

(4) 试件普氏系数 f。

岩石的普氏系数，又称岩石的坚固性系数，由俄罗斯学者于1926年提出，可以按普氏公式或巴隆公式确定。

普氏公式：

$$f = \frac{\sigma_c}{10} \tag{2.2.4}$$

巴隆公式：

$$f = \frac{\sigma_c}{30} + \frac{\sqrt{\sigma_c}}{3} \tag{2.2.5}$$

本次实验按普氏公式进行计算。

2.2.1.2 实验方法及步骤

(1) 对岩石试件进行编号，并填入记录表内。

(2) 量取试件尺寸，量测时应在试件高度的上、中、下三个部位，取其算术平均值作为高度，精度 0.1 mm；量测三个角度的直径，其中两个相互正交，取其算术平均值作为直径。

(3) 启动压力机，将度盘指针调整到零，使其处于工作状态。

(4) 将试件置于压力机承压板中心，调整球形座使试件截面与压力机承压板平行，以便使试件上下受力均匀，必要时应设置防护网,以免试件突然压裂崩出伤人。

(5) 以 0.5 mm/min 的速度加载直到破坏。

(6) 记录破坏载荷以及加载过程中出现的现象,对破坏后的试件进行描述,8 组样品破坏后的结果如图 2.2.4 所示。

2.2.1.3 样品的基本力学性能与类别

2.2.1.3.1 岩石的物理力学指标

根据式(2.2.1)～式(2.2.4),可以得出 8 份样品的单轴抗压强度 σ_c、弹性模量 E、泊松比 μ 和普氏系数 f,如表 2.2.1 所列。

表 2.2.1 试件的单轴抗压强度等性能指标测试分析

试件编号	直径 D /mm	高度 H /mm	破坏载荷 P/kN	抗压强度 σ_c/MPa		弹性模量 E/GPa		泊松比 μ		普氏系数 f
				试件	平均	试件	平均	试件	平均	
M-P-1	48.27	99.49	90.07	45.87	53.73	13.50	20.23	0.28	0.24	4.5
M-P-2	48.04	99.83	78.90	40.18		19.20		0.29		4.0
M-P-3	48.21	97.96	138.20	70.38		23.40		0.19		7.0
M-P-4	48.38	97.75	114.81	58.47		24.80		0.21		5.8
S-P-1	48.37	99.75	157.56	80.24	76.12	17.90	31.15	0.39	0.27	8.0
S-P-2	48.38	99.82	144.54	72.84		28.70		0.29		7.3
S-P-3	48.49	101.99	151.61	72.84		41.00		0.22		7.3
S-P-4	48.38	99.40	145.54	78.57		37.00		0.19		7.8

2.2.1.3.2 岩石的类别划分

按照普氏系数 f 和稳定系数 K 对岩石的类别划分(表 2.2.2、表 2.2.3、表 2.2.4),可得所测试岩石的类别较好,基本为硬岩和中硬岩,结果见表2.2.5。按取样地点的埋藏深度为 400 m,则顶板岩石的稳定系数 $K=\gamma H/\sigma_c$,见表 2.2.5。

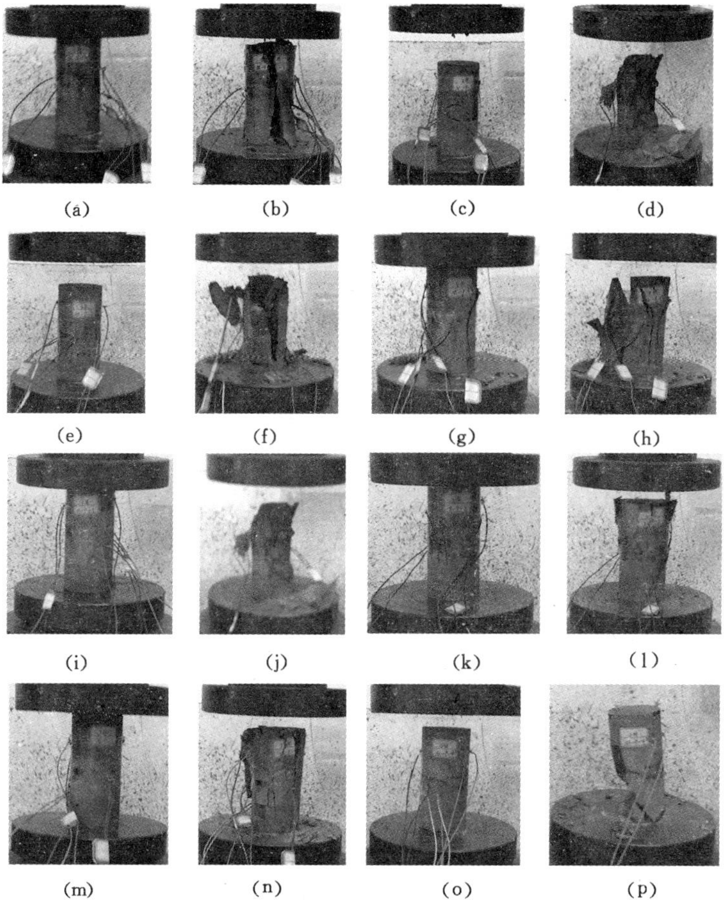

图 2.2.4　抗压实验试件的前后对比图

(a) M-P-1 压前；(b) M-P-1 压后；(c) M-P-2 压前；(d) M-P-2 压后；
(e) M-P-3 压前；(f) M-P-3 压后；(g) M-P-4 压前；(h) M-P-4 压后；
(i) S-P-1 压前；(j) S-P-1 压后；(k) S-P-2 压前；(l) S-P-2 压后；
(m) S-P-3 压前；(n) S-P-3 压后；(o) S-P-4 压前；(p) S-P-4 压后

表 2.2.2　　按普氏系数对岩石类别的划分

普氏系数	1～3	4～6	7～10	备注
岩石类别	软岩	中硬岩	硬岩	系数区间均包含数值

表 2.2.3　　按岩石的稳定系数对岩石类别的划分

岩石稳定系数	<0.25	0.25～0.4	0.4～0.65	>0.65	备注
岩石类别	稳定	中等稳定	不稳定	极不稳定	按 $\gamma H/\sigma_c$ 计算

表 2.2.4　　按普氏系数的岩石类别详细划分

f	岩石级别	坚固程度	代表性岩石
20	Ⅰ	最坚固	最坚固、致密、有韧性的石英岩、玄武岩和其他各种特别坚固的岩石
15	Ⅱ	很坚固	很坚固的花岗岩、石英斑岩、硅质片岩，较坚固的石英岩，最坚固的砂岩和石灰岩
10	Ⅲ	坚固	致密的花岗岩，很坚固的砂岩和石灰岩，石英矿脉，坚固的砾岩，很坚固的铁矿石
8	Ⅲa	坚固	坚固的砂岩、石灰岩、大理岩、白云岩、黄铁矿，不坚固的花岗岩
6	Ⅳ	比较坚固	一般的砂岩、铁矿石
5	Ⅳa	比较坚固	砂质页岩，页岩质砂岩
4	Ⅴ	中等坚固	坚固的泥质页岩，不坚固的砂岩和石灰岩，软砾石
3	Ⅴa	中等坚固	各种不坚固的页岩，致密的泥灰岩
2	Ⅵ	比较软	软弱页岩，很软的石灰岩，白垩，盐岩，石膏，无烟煤，破碎的砂岩和石质土壤
1.5	Ⅵa	比较软	碎石质土壤，破碎的页岩，黏结成块的砾石、碎石，坚固的煤，硬化的黏土

续表 2.2.4

f	岩石级别	坚固程度	代表性岩石
1	Ⅶ	软	软致密黏土，较软的烟煤，坚固的冲击土层，黏土质土壤
0.8	Ⅶa	软	软砂质黏土、砾石，黄土
0.6	Ⅷ	土状	腐殖土，泥煤，软砂质土壤，湿砂
0.5	Ⅸ	松散状	砂，山砾堆积，细砾石，松土，开采下来的煤
0.3	Ⅹ	流沙状	流沙，沼泽土壤，含水黄土及其他含水土壤

表 2.2.5 某矿煤系地层按普氏系数和稳定系数对岩石类别的划分

试件编号	普氏系数 f	岩石类别	岩石稳定系数 K	岩石稳定类别	备注
M-P-1	4.5	中硬岩	0.22	稳定	1# 孔——2 号煤直接顶
M-P-2	4.0	中硬岩	0.25	中等稳定	2# 孔——3 号煤直接顶
M-P-3	7.0	硬岩	0.14	稳定	3# 孔——2 号煤基本顶
M-P-4	5.8	中硬岩	0.17	稳定	4# 孔——3 号煤直接顶
S-P-1	8.0	硬岩	0.13	稳定	1# 孔——2 号煤基本顶
S-P-2	7.3	硬岩	0.14	稳定	2# 孔——3 号煤基本顶
S-P-3	7.3	硬岩	0.14	稳定	3# 孔——3 号煤基本顶
S-P-4	7.8	硬岩	0.13	稳定	4# 孔——3 号煤基本顶

2.2.1.4 应力—应变曲线

通过对岩石抗压实验的数据整理分析，可得出某矿岩芯多种岩性的应力—应变曲线如图 2.2.5 所示，通过对应力—应变曲线的分析，可以得出岩石在抗压过程中，试件内部的应力状态变化过程，揭示岩石破坏机理。

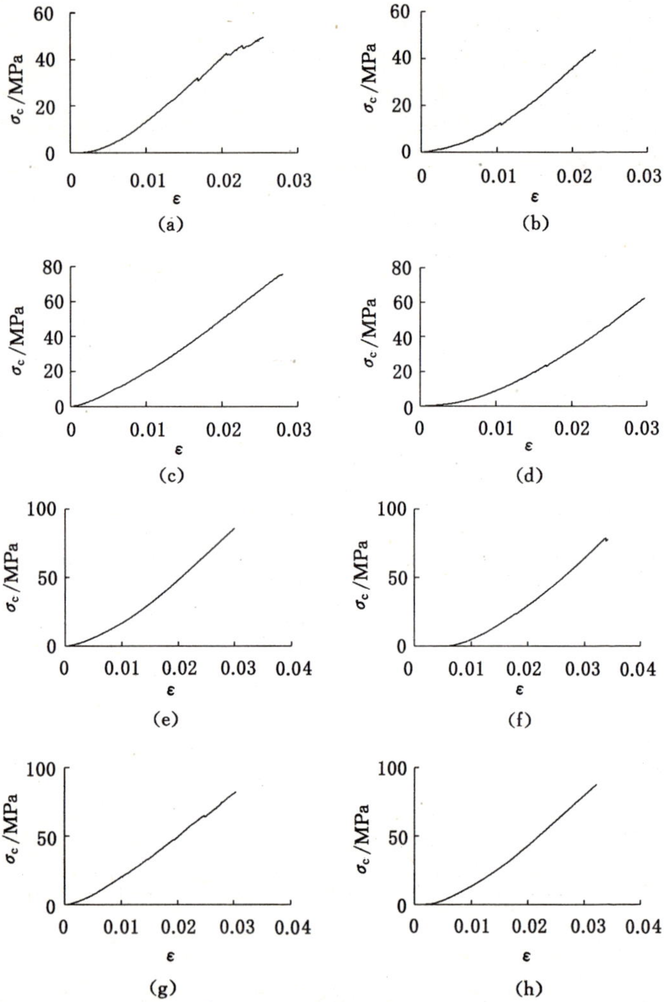

图 2.2.5　不同岩层的单轴抗压强度测试结果

(a) M-P-1;(b) M-P-2;(c) M-P-3;(d) M-P-4;

(e) S-P-1;(f) S-P-2;(g) S-P-3;(h) S-P-4

对泥岩的应力—应变关系分析可知，M-P-1 试件先缓慢增长，而后迅速上升，最后又缓慢增长，破坏强度达到 45.87 MPa；M-P-2、M-P-3、M-P-4 这 3 个试件都是先缓慢增长，再迅速上升，破坏强度分别为 40.18 MPa、70.38 MPa、58.47 MPa。四者平均抗压强度为 53.73 MPa。针对泥岩的特性分析可知，四个试件的破坏曲线较为符合实际，对 M-P-3 号试件的应力—应变曲线分析可知，泥岩应变在 0～0.004 阶段时处于空隙裂缝压密阶段，即试件中的原有张开性结构面或微裂隙逐渐闭合，岩石被压密，形成早期的非线性变形，应力—应变曲线呈上凹形。在此阶段试件横向膨胀较小，试件体积随载荷增大而减小。应变在 0.004～0.015 弹性变形至微弹性裂隙稳定发展阶段，此阶段的应力—应变曲线呈近似直线形。其中，应变在 0.004～0.007 段为弹性变形阶段，应变在 0.007～0.028 段为微破裂稳定发展阶段。应变在 0.028 时的应力为峰值应力，其值为 70.38 MPa，应变在 0.028 以后为破裂后阶段，岩块承载力达到峰值强度以后，其内部结构遭到破坏，但试件基本保持整体状，本阶段，裂隙快速发展，交叉且相互联合形成宏观断裂面。此后，岩块变形主要表现为沿宏观断裂面的块体滑移，试件承载力随变形的增大经过多次波动，渐次下降，破裂的岩石仍有一定的承载力，所以此状态下的泥岩是塑-弹性体。

对砂岩的应力—应变关系分析可知，S-P-1、S-P-2、S-P-3 三种试件的破坏强度分别为 80.24 MPa、72.84 MPa、78.57 MPa。S-P-1 号试件的应力—应变呈塑-弹性体特征变化，应变在 0～0.008段试件处于空隙裂缝压密阶段，试件中的原有张开性结构面或微裂隙逐渐闭合，岩石被压密，形成早期的非线性变形。然后进入弹性变形至微弹性裂隙稳定发展阶段，应力—应变曲线呈近似直线形。应变为 0.030 时试件发生破裂，岩块承载力达到峰值强度以后，其内部结构遭到破坏，但试件基本保持整体状，本阶段，裂隙快速发展，交叉且相互联合形成宏观断裂面。S-P-2 试件的应力—应变呈塑-弹性体特征变化，应变在0～0.004段试件处于空隙裂缝压密阶段，试件中的原有张开性结构面或微裂隙逐渐闭合，岩石被压密，形成早期的非线性变形。在此阶段试件横向膨胀较小，试件体积随载荷增大而减小。然后进入弹性变形至微弹性裂隙稳定发展阶段，应力—应变曲线呈近似直线形。而后试件在应变 0.031 处达到峰值强度，其值为 72.84 MPa，而后岩块沿宏观断裂面发生块体滑移，试件承载力随变形的增大迅速下降，但并不降到零，说明破裂的岩石仍有一定的承载力。S-P-3 试件的应力—应变曲线呈现弹性体的变化特征，试件快速进入弹性变形至微弹性裂隙稳定发展阶段，曲线基本呈直线形上升，应变在 0.034 处试件破坏，应力为 78.57 MPa，岩块变形主要表现为沿宏观断裂面的块体滑移，试件承载力随变形的增大先缓慢下降再迅速下降。

2.2.2 岩石单轴抗拉强度实验

为什么要测试岩石的抗拉强度实验？因为需要根据岩石的抗拉强度实验结果，得出岩石的脆性系数，即拉压强度之差与拉压强度之和的比值；并根据得到的内摩擦角的正弦值推导出岩石的内摩擦角和黏聚力，为数值模拟的结果提供基本参数。

2.2.2.1 实验概况

2.2.2.1.1 样品的采制

通过测试 2 号、3 号煤层顶板和底板 2 种岩石各 4 件试块进行了泥岩、砂岩的单轴抗拉强度实验，以分析岩石的单轴抗拉强度、弹性模量、泊松比并计算岩石的普氏系数，确定顶板岩石的类别。制成的试件为圆柱体，直径 50 mm，高度 25 mm，高径比为 0.5，如图 2.2.6 所示。其中 1# ～3# 孔分别为某 2 号煤层和 3 号煤层的直接顶和基本顶，4# 孔为 3 号煤层的直接底和基本底，取芯深度 400 m 左右。由于编号为 M-T-2 的试块未进行实验，最终以

M-T-4[2] 代替。

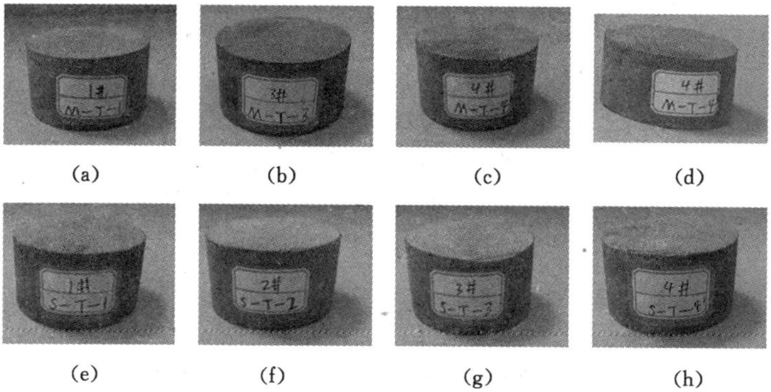

图 2.2.6 单轴抗拉强度测试的样品

(a) M-T-1;(b) M-T-3;(c) M-T-4[1];(d) M-T-4[2];

(e) S-T-1;(f) S-T-2;(g) S-T-3;(h) S-T-4

测试实验在中国矿业大学煤炭资源与安全开采国家重点实验室 30 t 万能材料试验机上进行,采用 TS3866 型分布式静态电阻应变仪结合计算机进行数据采集。

2.2.2.1.2 实验原理分析

本实验采用巴西劈裂法测定岩石单轴抗拉强度。利用劈裂夹具在材料试验机上对圆盘形试件进行集中荷载对径压缩后,使载荷连线的平面内产生拉应力。根据弹性理论在对径压缩条件下圆盘中心 $D/2$ 处:

受拉应力:

$$\sigma_x = \frac{2P}{\pi D t} \tag{2.2.6}$$

受压应力:

$$\sigma_y = \frac{6P}{\pi D t} \tag{2.2.7}$$

剪应力：

$$\tau_{xy}=0 \tag{2.2.8}$$

式中 σ_x——拉应力，kN；

σ_y——压应力，kN；

τ_{xy}——剪应力，kN；

P——施加的压力，kN；

D——岩石试件直径，mm；

t——岩石试件厚度，mm。

上式表明，劈裂法不但有拉应力，还有压应力共同作用破坏，但是岩石抗拉强度很低，抗压强度较高，圆盘在受压应力断裂之前早已被拉应力拉断，所以试件还是属于受拉破坏。除了强度略有差别外，由于劈裂法实验简单，且所测抗拉强度与单向拉伸很接近，故采用此法来测定岩石的单轴抗拉强度。

(1) 标准试件采用圆盘形，直径 50 mm，厚度 25 mm，试件两端面不平行度不得大于 0.01 mm，上下端直径偏差不得大于 0.02 mm。

(2) 每种状态下同一种岩性试件的数量，一般每组 3 块，若测定结果偏离度大于 20%及以上时，适当增补测试试件的数量。

2.2.2.2 实验方法及步骤

(1) 对岩石试件进行编号，并填入记录表内。

(2) 检查试件加工精度、量测试件尺寸，并填入表内。

(3) 选择压力机度盘，并挂上相应的摆锤。

(4) 通过试件直径两端沿轴线方向画两条互相平行的线作为加载基线，将试件放置在夹具内，使夹具上下刀刃对准加载基线，用两侧夹持螺钉固定好试件。

(5) 把夹好试件的夹具放入试验机上下承压板之间，使试件中心线和试验机中心在一条直线上。

(6) 启动试验机，然后以 0.5 mm/min 的速度加载直到破坏。

(7) 记录破坏载荷及试件破坏现象，对破坏后的试件进行描述。

8 组试件抗拉强度测试前后的对比如图 2.2.7 所示。

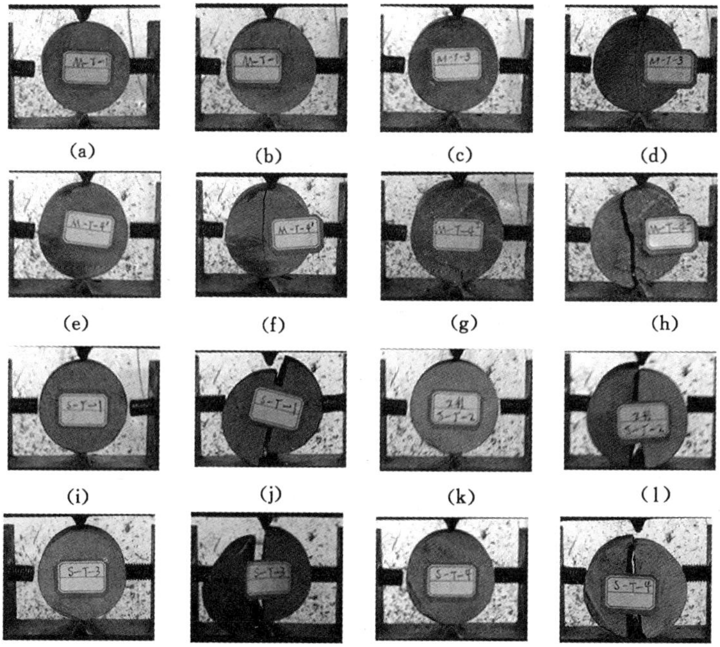

图 2.2.7 抗拉实验试件的前后对比图

(a) M-T-1 拉前;(b) M-T-1 拉后;(c) M-T-3 拉前;(d) M-T-3 拉后;
(e) M-T-4[1] 拉前;(f) M-T-4[1] 拉后;(g) M-T-4[2] 拉前;(h) M-T-4[2] 拉后;
(i) S-T-1 拉前;(j) S-T-1 拉后;(k) S-T-2 拉前;(l) S-T-2 拉后;
(m) S-T-3 拉前;(n) S-T-3 拉后;(o) S-T-4 拉前;(p) S-T-4 拉后

2.2.2.3 应力—应变曲线

对 8 组试件加载后,其应力—应变曲线如图 2.2.8 所示。由图可以看出:

(1) 泥岩试件的抗拉强度明显小于砂岩试件,其中泥岩试件的

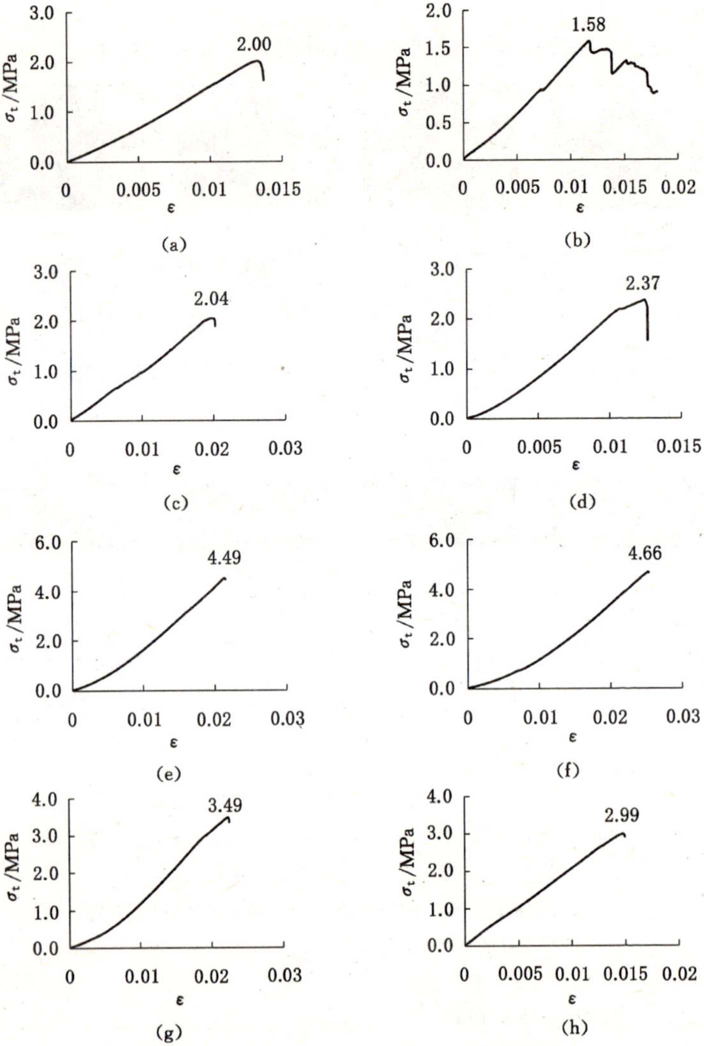

图 2.2.8 不同试件的单轴抗拉强度测试结果

(a) M-T-1;(b) M-T-3;(c) M-T-4[1];(d) M-T-4[2];

(e) S-T-1;(f) S-T-2;(g) S-T-3;(h) S-T-4

最大、最小和平均抗拉强度值分别为 2.37 MPa、1.58 MPa 和 2.00 MPa；砂岩的抗拉强度最大、最小和平均值分别为 4.66 MPa、2.99 MPa和 3.91 MPa。

（2）泥岩试件的最大应变值分别为 0.014、0.012、0.020和 0.013，平均最大应变为 0.015；砂岩试件的最大应变值分别为 0.022、0.025、0.023 和 0.015，平均最大应变为 0.021，是泥岩试件的 1.4 倍。

（3）砂岩试件的 σ—ε 曲线的平均斜率大于泥岩，其脆性表征更为明显，但实验过程中发出的声响也远大于泥岩；试件破坏后，泥岩表征出一定程度的延性，而砂岩试件基本是瞬时破坏，伺服机卸压后试验即结束。

2.2.2.4 试件的抗拉强度与脆性系数

2.2.2.4.1 试件的抗拉强度

根据量测的试件几何尺寸和容重称量，以及试件的破坏载荷并结合式(2.2.6)～式(2.2.8)，可以得出 8 份样品的单轴抗拉强度 σ_t 如表 2.2.6 所列。

表 2.2.6 某矿岩芯单轴抗拉试验岩石力学参数计算

序号	直径 D/mm	厚度 t/mm	质量 /g	试件面积 A/mm^2	试件体积 V/cm^3	试件密度 $\rho/(g/cm^3)$	破坏载荷 P/kN	抗拉强度 σ_t/MPa
M-T-1	48.18	28.56	135.50	1 823.41	52.07	2.60	4.33	2.00
M-T-3	48.42	26.87	135.20	1 841.36	49.48	2.73	3.23	1.58
M-T-4^1	47.85	27.03	128.20	1 798.52	48.61	2.64	4.15	2.04
M-T-4^2	49.39	30.67	149.00	1 916.14	58.77	2.54	5.65	2.37
S-T-1	48.36	29.81	149.10	1 837.06	54.76	2.72	10.18	4.49
S-T-2	48.32	29.92	142.30	1 834.02	54.87	2.59	10.59	4.66
S-T-3	48.41	28.79	140.20	1 840.35	52.98	2.65	7.63	3.49
S-T-4	48.36	27.44	135.90	1 836.80	50.41	2.70	6.23	2.99

2.2.2.4.2　试件的脆性系数

岩石的脆性一方面表现为破坏前总变形量很小，另一方面表现为抗拉强度比抗压强度小。岩石的脆性与黏结性能成正比，但在采动应力作用下一旦锚固剂与围岩的第 2 界面脱黏，往往造成更强的托锚力振荡，特别地会生成岩爆或诱导发生冲击矿压。

最简单的岩石脆性系数可以采用岩石的抗压强度与抗拉强度之比进行计算，也有学者提出采用弹性极限与抗压强度极限之比计算脆性系数。

另外，V.Hucka 和 B.Das 提出的岩石脆性系数指标有两个：

$$K_1=\frac{\sigma_c-\sigma_t}{\sigma_c+\sigma_t} \tag{2.2.9}$$

$$K_2=\sin\varphi \tag{2.2.10}$$

式中　K_1，K_2——岩石的脆性系数；

σ_c，σ_t——岩石的抗压和抗拉强度，MPa；

φ——岩石的内摩擦角，(°)。

根据上节中计算得出的泥岩和砂岩的平均抗压强度分别为 53.73 MPa 和 76.12 MPa，本节中计算得出的泥岩和砂岩的平均抗拉强度分别为 2.00 MPa 和 3.91 MPa，则可计算出泥岩和砂岩试件的脆性系数 K_{1M}和 K_{1S}分别为：

$$K_{1M1}=\frac{\sigma_c}{\sigma_t}=\frac{53.73}{2.00}=26.87$$

$$K_{1S1}=\frac{\sigma_c}{\sigma_t}=\frac{76.12}{3.91}=19.47$$

$$K_{1M2}=\frac{\sigma_c-\sigma_t}{\sigma_c+\sigma_t}=\frac{53.73-2.00}{53.73+2.00}=0.93$$

$$K_{1S2}=\frac{\sigma_c-\sigma_t}{\sigma_c+\sigma_t}=\frac{76.12-3.91}{76.12+3.91}=0.90$$

由结果可知，试件的脆性一般，但砂岩试件脆性远大于泥岩试件，按试件内摩擦角计算其脆性系数 K_2 将在下节中实验获得。

2.2.3 岩石单向抗剪强度实验

测试岩石的抗剪强度实验是为了得到岩石的内摩擦角与黏聚力，并计算岩石的脆性，为数值模拟模型的建立提供依据。

2.2.3.1 实验概况

2.2.3.1.1 试件制备

标准试件采用直径 50 mm、高度 50 mm 的圆柱体，试件两端面不平行度不得大于 0.01 mm，上、下端直径偏差不得大于 0.02 mm。每种状态下同一种岩性试件的数量，一般每组 3 块，若测定结果偏离度大于 20%及以上时，适当增补测试试件的数量，制作完成的试件如图 2.2.9 所示。

图 2.2.9 加工完成的抗剪强度实验岩石试件

(a) M-S-1；(b) M-S-2；(c) M-S-3；(d) M-S-4；

(e) S-S-1；(f) S-S-2；(g) S-S-3；(h) S-S-4

2.2.3.1.2 测试原理

通过变角剪切夹具作用在试件上的力 P 可分解为与剪切面垂直的正应力 σ 和与剪切面平行的剪应力 τ。当 P 大到某个值时，剪应力 τ 大于岩石的黏聚力 C 与因正应力 σ 而产生的摩擦力之和时，岩石即被剪切破坏。此时，可通过已知的 α 值和破坏载荷 P，计算得到几组正应力 σ 和剪应力 τ，最终通过绘图和计算求得岩石的黏聚力 C 和内摩擦角 φ。

(1) 试件剪切破坏面上的正应力和剪应力：

$$\sigma = \frac{P}{A} \times \cos\alpha \times 1\,000 \tag{2.2.11}$$

$$\tau = \frac{P}{A} \times \sin\alpha \times 1\,000 \tag{2.2.12}$$

式中 σ——正应力，MPa；

τ——剪应力，MPa；

P——试件剪断破坏载荷，kN；

A——试件剪切面面积，mm^2；

α——试件与水平面的夹角，(°)。

(2) 试件内摩擦角及黏聚力：

$$\varphi = \arctan\frac{\tau_2 - \tau_1}{\sigma_2 - \sigma_1} \tag{2.2.13}$$

$$C = \tau_2 - \sigma_2 \cdot \tan\varphi \tag{2.2.14}$$

式中 φ——内摩擦角，(°)；

C——黏聚力，MPa；

τ_1、σ_1——简化后强度直线上任意一点的剪应力及主应力，MPa；

τ_2、σ_2——简化后强度直线上区别于第一点的剪应力及主应力，MPa。

2.2.3.2 实验方法及步骤

(1) 对岩石试件进行编号，并填入记录表内。

(2) 检查试件加工精度、量测试件尺寸，选择剪切角度，并填入表内。

(3) 调整材料试验机度盘指针为零，使材料试验机处于工作状态。

(4) 将已调好角度的变角剪切夹具下座放在材料试验机上，使其中心线与承压板中心线重合，装上试件并安好夹具上座，调整承压板球形座，使变角剪切夹具受力均匀。按操作规程开动材料试验机，施加数百牛的载荷，检查试件及变角夹具放置位置是否良好，若产生偏载需卸载重调。

(5) 把变角剪切夹具与试件调整好后，以 0.5 mm/min 的速度加载直至破坏。

(6) 记录破坏载荷及试件破坏现象，对破坏后的试件进行描述。

2.2.3.3 剪应力—应变曲线

对 8 组试件加载后，其剪应力—应变曲线如图 2.2.10 所示。由图可以看出：

(1) 泥岩试件的抗剪强度明显小于砂岩试件，其中 4 组泥岩试件的最大剪应力分别为 21.81 MPa、41.44 MPa、20.21 MPa 和 16.89 MPa，平均为 25.09 MPa。

(2) 4 组砂岩试件的最大剪应力分别为 68.14 MPa、82.77 MPa、44.08 MPa 和 31.42 MPa，平均为 56.60 MPa，为泥岩的2.26倍。

2.2.3.4 试件的黏聚力、内摩擦角与脆性系数 K_2

2.2.3.4.1 试件的黏聚力与内摩擦角

根据量测的试件几何尺寸和容重称量以及试件的破坏载荷并结合式(2.2.11)～式(2.2.14)，可以得出 8 份样品的黏聚力与内摩擦角如表 2.2.7 所列。

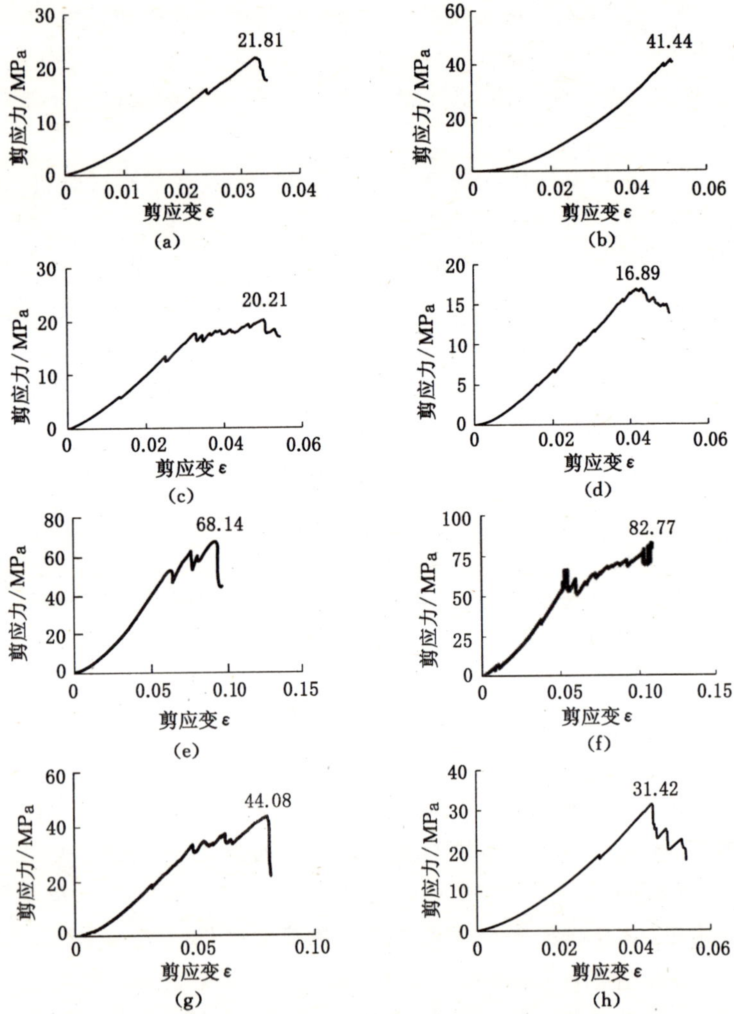

图 2.2.10　不同试件的单轴抗剪强度测试结果

(a) M-S-1;(b) M-S-2;(c) M-S-3;(d) M-S-4;

(e) S-S-1;(f) S-S-2;(g) S-S-3;(h) S-S-4

表 2.2.7 试件的黏聚力与内摩擦角计算结果

序号	直径 /mm	高度 /mm	剪切角 α/(°)	破坏载荷 P/kN	正应力 σ/MPa	切应力 τ/MPa	黏聚力 C/MPa	内摩擦角 φ/(°)
M-S-1	48.38	51.67	45	21.81	6.17	6.17	10.74	19.75
M-S-2	48.38	52.42	35	41.44	13.39	9.37		
M-S-3	48.08	49.65	50	20.21	5.44	6.48		
M-S-4	48.06	50.91	60	16.89	3.45	5.98		
S-S-1	48.35	51.97	45	68.14	19.17	19.17	20.56	22.44
S-S-2	48.35	50.87	35	82.77	27.57	19.30		
S-S-3	48.17	52.03	50	44.08	11.31	13.47		
S-S-4	48.42	50.19	60	31.42	6.46	11.20		

2.2.3.4.2 试件的脆性系数

根据 V.Hucka 和 B.Das 提出的岩石脆性系数的计算公式，可以计算得出泥岩和砂岩试件的脆性系数分别为：

$$K_{2M3} = \sin\varphi = \sin 19.75° = 0.33$$

$$K_{2S3} = \sin\varphi = \sin 22.44° = 0.38$$

2.2.4 测试结果分析

(1) 岩石物理力学性能测试：结合现场取芯结果，对 24 组(其中泥岩、砂岩各一半，每种实验各 8 个试件)岩石的 RQD、抗拉、抗压和抗剪等物理力学性能进行测试分析，得出 2 号、3 号煤层顶底板的普氏系数、脆性指标等。

(2) 根据单轴抗压实验，获得的岩石基本物理力学性能指标及岩石类别见表 2.2.8；泥岩试件的最大、最小和平均抗压强度分别为 70.38 MPa、40.18 MPa 和 53.73 MPa，砂岩试件的最大、最小和平均抗压强度分别为 80.24 MPa、72.84 MPa 和 76.12 MPa；岩石的普氏系数 f 在 4～8 之间，属于中硬岩和硬岩；岩石稳定系数

K 在 0.13～0.25 之间，基本属于稳定类别。

表 2.2.8　某矿煤系地层按普氏系数对岩石类别的划分

试件编号	抗压强度 σ_c/MPa	弹性模量 E/GPa	普氏系数 f	泊松比 μ	岩石类别	岩石稳定系数 K	岩石稳定类别	备注
M-P-1	45.87	13.50	4.5	0.28	中硬岩	0.22	稳定	2 号煤直接顶
M-P-3	70.38	23.40	7.0	0.19	硬岩	0.14	稳定	2 号煤基本顶
S-P-1	80.24	17.90	8.0	0.39	硬岩	0.13	稳定	2 号煤基本顶
M-P-2	40.18	19.20	4.0	0.29	中硬岩	0.25	中等稳定	3 号煤直接顶
M-P-4	58.47	24.80	5.8	0.21	中硬岩	0.17	稳定	3 号煤直接顶
S-P-2	72.84	28.70	7.3	0.29	硬岩	0.14	稳定	3 号煤基本顶
S-P-3	72.84	41.00	7.3	0.22	硬岩	0.14	稳定	3 号煤基本顶
S-P-4	78.57	37.00	7.8	0.19	硬岩	0.13	稳定	3 号煤基本顶

(3) 根据单轴抗拉实验可知，泥岩试件的抗拉强度明显小于砂岩试件，其中泥岩试件的最大、最小和平均抗拉强度值分别为 2.37 MPa、1.58 MPa 和2.00 MPa；砂岩试件的最大、最小和平均抗拉强度值分别为 4.66 MPa、2.99 MPa 和3.91 MPa。

(4) 根据单轴抗拉实验可知，泥岩试件的最大应变值分别为 0.014、0.012、0.020和 0.013，平均最大应变为 0.015；砂岩试件的最大应变值分别为 0.022、0.025、0.023 和 0.015，平均最大应变为 0.021，是泥岩试件的 1.4 倍。

(5) 按照岩石的抗压强度与抗拉强度之比计算的泥岩和砂岩脆性系数分别为 26.87 和 19.47；根据 V.Hucka 和 B.Das 提出的岩石脆性系数计算公式计算得到的泥岩和砂岩脆性系数分别为 0.93和 0.90(按照岩石的抗压强度和抗拉强度)；0.33 和 0.38(按照

内摩擦角)。总体上岩石的脆性指数一般。

(6) 实测泥岩和砂岩的黏聚力分别为 10.74 MPa 和 20.56 MPa;内摩擦角分别为 19.75°和 22.44°。

2.3 煤系地层微观测试分析

采用岩石 X 射线衍射仪可以定性分析岩石矿物的成分和岩石类别;通过对样品元素的定量分析测试可以确定样品的矿物成分的所含比例和元素的构成;而通过对样品在力学性能测试前后的电镜扫描测试可以得到岩石的微观裂隙形貌特征,并比对分析宏观力学性能测试对微观形貌的影响程度。分析测试的内容及岩石样品明细见表 2.3.1 和表 2.3.2。

表 2.3.1　2 号、3 号煤系地层微观测试分析的内容明细

序号	测试内容	测试组数	备注
1	X 射线衍射分析	6 组	
2	元素定量分析	6 组	
3	SEM 电镜扫描	12 组	岩石力学性能测试前后各 6 组

表 2.3.2　2 号、3 号煤系地层微观测试分析取样说明

样品编号	取样地点	岩性	所处层位	备注
1#	1 号钻孔岩芯	砂岩	2 号煤层基本顶	上向钻孔
2#	2 号钻孔岩芯	泥岩	2 号煤层直接顶	上向钻孔
3#	3 号钻孔岩芯	砂岩	3 号煤层基本顶	上向钻孔
4#	2 号钻孔岩芯	砂岩	3 号煤层直接顶	上向钻孔
5#	4 号钻孔岩芯	泥岩	3 号煤层直接底	下向钻孔
6#	4 号钻孔岩芯	砂岩	3 号煤层基本底	下向钻孔

2.3.1 岩石 X 射线衍射仪分析测试

2.3.1.1 测试仪器及样品准备

2.3.1.1.1 测试仪器

测试仪器采用德国布鲁克(Bruker)公司生产的 X 射线衍射仪,其型号为 D8 Advance,如图 2.3.1 所示。该仪器广泛应用于煤炭、地质、环境、材料、化工、建工、物理、冶金、机械等学科,它是测定晶体结构及其变化规律的有力实验手段,也是探讨材料微观结构、物相组成与宏观性能之间内在联系的分析研究方法。

图 2.3.1 D8 Advance X 射线衍射仪

该仪器的主要性能指标如下:

(1) X 射线管。电压:40 kV;电流:30 mA;阳极靶材料:Cu 靶,Kα 辐射。

(2) 测角仪。半径:250 mm;发散狭缝系统精度:0.6 mm;防散射狭缝精度:8 mm;配置 Ni 滤片滤除 Cu-Kβ 射线系统;检测器开口:3 mm。入射侧与衍射侧索拉狭缝:均为 2.5 mm。

(3) 采样。扫描速度:0.1 s/步;采样间隔:0.019 450 步;检测器:林克斯阵列探测器;特殊样品按照实际情况测试。

2.3.1.1.2 仪器配置

粉晶 X 射线衍射仪由封闭陶瓷管 X 射线光源、X 射线高压发生器、高精度广角测角仪、高灵敏度林克斯阵列探测器、冷却水系统以及用于控制仪器和处理数据的计算机所组成。仪器还配置了小角散射、薄膜、微区分析和环境高温(室温至 1 200 ℃)附件。在软件方面配置了国际粉末衍射数据库 PDF、粉晶无机晶体结构数据库 ICSD 和对应的分析软件。

2.3.1.1.3 仪器功能

X 射线衍射仪可以对样品进行物相定性和部分样品的定量分析,可以测定精确的晶胞参数、简单晶体的晶体结构、样品的结晶度、微晶的粒度。利用相应附件可以测定纳米粒度、薄膜厚度;可以进行斑点等小区域样品分析;可以进行加热状态下的样品结构分析等。

2.3.1.1.4 主要技术指标

测量精度:角度重现性±0.000 1°。

测角仪半径:≥200 mm,测角圆直径可连续改变。

最小步长:0.000 1°。

角度范围(2θ):−110°~168°。

温度范围:室温~1 200 ℃。

最大输出:3 kW。

稳定性:±0.01%。

管电压:20~60 kV(1 kV/步)。

管电流:10~60 mA。

2.3.1.1.5 图谱说明与分析标准

(1) 图谱说明:横坐标:衍射角度(2θ),单位:(°);纵坐标:衍射强度,林克斯计数[Lin(Counts)],单位:光子数。峰顶标注的数据:晶面间距,单位:Å,1 Å=10^{-10} m。

(2) 物相分析标准:利用粉末衍射联合会国际数据中心(JCP-

DS-ICDD)提供的物质标准粉末衍射资料(PDF),并按照其标准分析方法和衍射判定标准(晶面间距吻合、衍射强度基本吻合)进行对照分析。

2.3.1.1.6 测试样品要求

(1) 粉末样品。① 质量:约 0.5～2 g[一般射线照射测试后样品不保留(如需样品请提前留样或特别注明、样品质量太少需使用特殊样品架),会使衍射信息不全、择优取向,可能导致与标准资料不一致难以分析等问题]。② 粒度:细粉 300 目(比普通面粉要细,两个手指搓捏无颗粒感。在 300 目以下测试精度高。200 目以上颗粒粗大测试误差大,影响图谱信息,后续分析可能发生困难)。

(2) 块状样品。① 测试面必须在长(20～30) mm×(10～20) mm区间(尺寸过小就会测试到用于固定样品的橡皮泥,过大则无法放入仪器测试),且为平整光滑的平面。② 样品厚度小于 10 mm。

请尽量使用粉末样品测试(因为衍射标准资料都是粉末衍射数据,如使用块状样品,有可能因晶面分布的随机性等原因导致与标准资料不一致,致使分析困难)。

(3) 测试角度范围:岩土通常 3°～65°;化工类通常 5°～80°;金属通常 20°～100°。本次测试为岩石试件,采用 300 目粉状样品,其测试角度为 10°～70°。

2.3.1.2 数据处理软件

D8 Advance 射线衍射仪分析测试后的数据分析及作图软件有 Jade 和 Origin 两款,如图 2.3.2 所示。

2.3.1.2.1 Jade 软件

Jade 软件主要用于处理 X 射线衍射数据,除了基本的显示图谱、打印图谱和数据平滑等功能外,还可以进行物相检索、图谱拟合、结构精修、晶粒大小和微观应变的计算。

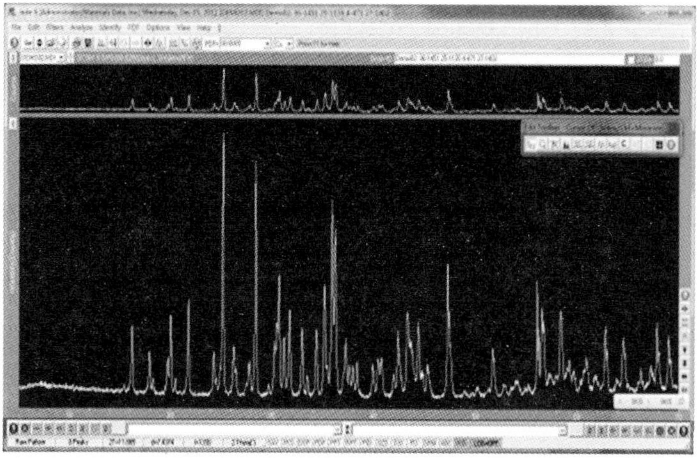

(a)

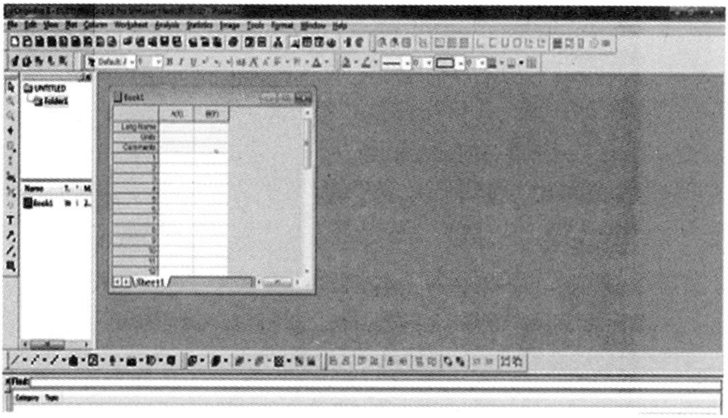

(b)

图 2.3.2 Jade 软件和 Origin 程序界面

(a) Jade 软件界面;(b) Origin 程序界面

2.3.1.2.2 Origin 程序

Origin 是美国 OriginLab 公司开发的图形可视化和数据分析软件，是科研人员和工程师常用的高级数据分析和制图工具。该软件具有数据分析和绘图两大功能。Origin 的数据分析主要包括统计、信号处理、图像处理、峰值分析和曲线拟合等各种完善的数学分析功能。Origin 的绘图是基于模板的，Origin 本身提供了几十种二维和三维绘图模板而且允许用户自己定制模板。用户可以自定义数学函数、图形样式和绘图模板；可以和各种数据库软件、办公软件、图像处理软件等方便地连接。

2.3.1.3 测试结果及分析

2.3.1.3.1 X 射线衍射图谱

采用 XRD 图谱分析软件对某矿 1# ～6# 岩石样品的 X 射线衍射图谱进行标定，得到的测试结果如图 2.3.3 所示。

2.3.1.3.2 衍射测试结果分析

(1) 从图中可以看出：6 种岩石样品衍射图谱主要衍射峰位置基本相似，物质成分相同，经过图谱对照，图谱中明显的衍射峰均为石英矿物成岩。岩石应以泥质砂岩和砂岩为主。

(2) 2# 、5# 和 6# 样品检出了硅酸盐矿物成分，与 2 号煤层的直接顶、3 号煤层的直接底岩层基本吻合。此外，在 4# 和 6# 样品中检出了高岭石矿的成分，与 3 号煤层的直接顶、基本底岩性基本吻合，尤其是 3 号煤层直接顶中还含有云母石，遇水或长时易风化崩解，与 3109、3103 工作面掘进的煤巷顶板破坏规律相一致。

2.3.2 元素定量分析测试

X 射线荧光光谱法(X Ray Fluorescence Spectrometry，简称 XRF)是物质成分分析的重要手段之一。当物质中的原子受到适

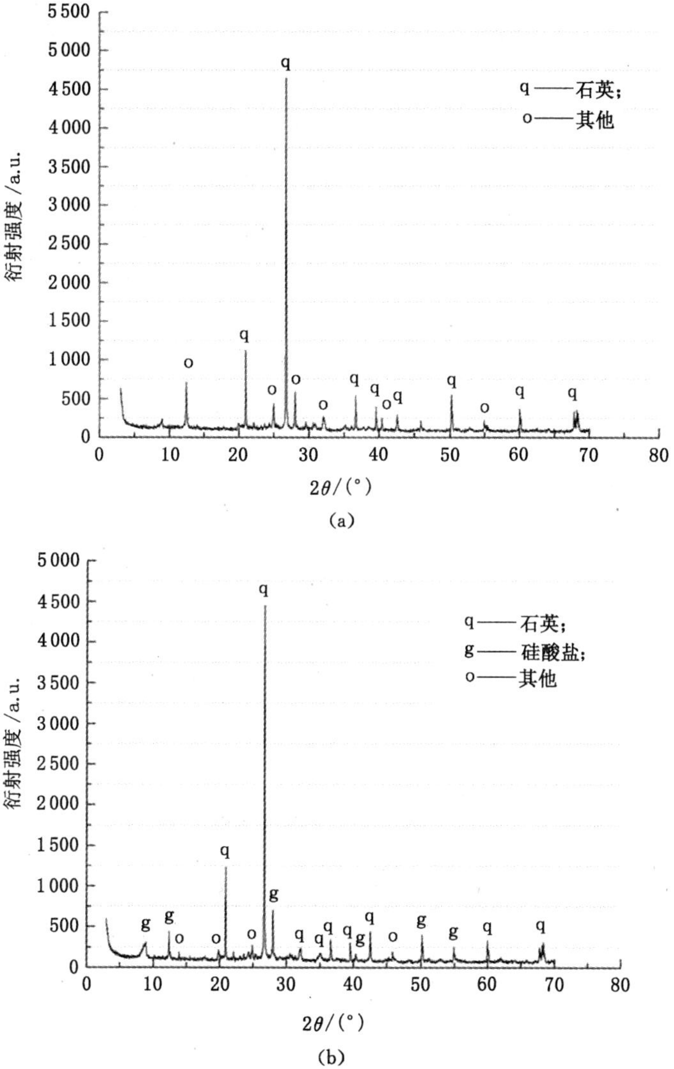

(a)

(b)

图 2.3.3 某矿 1# ～6# 岩石样品衍射图谱分析

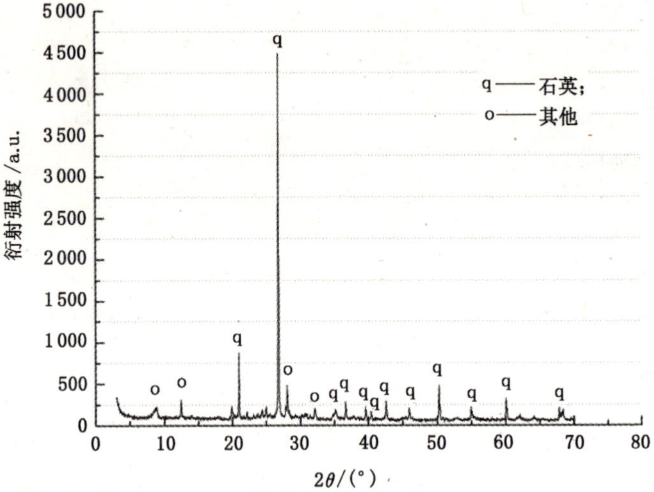

(c)

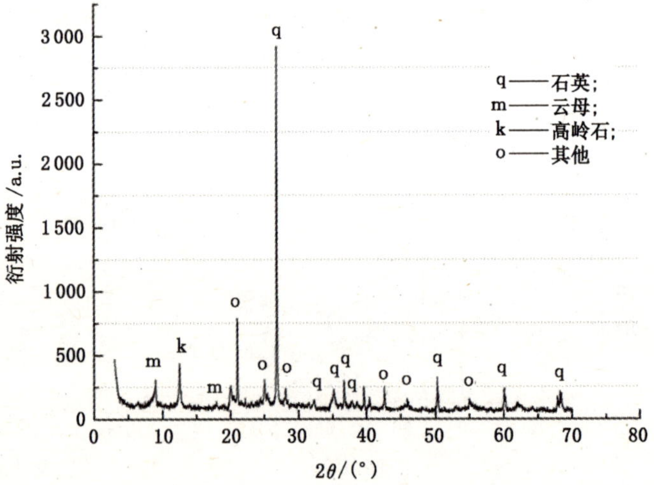

(d)

续图 2.3.3　某矿 1# ～6# 岩石样品衍射图谱分析

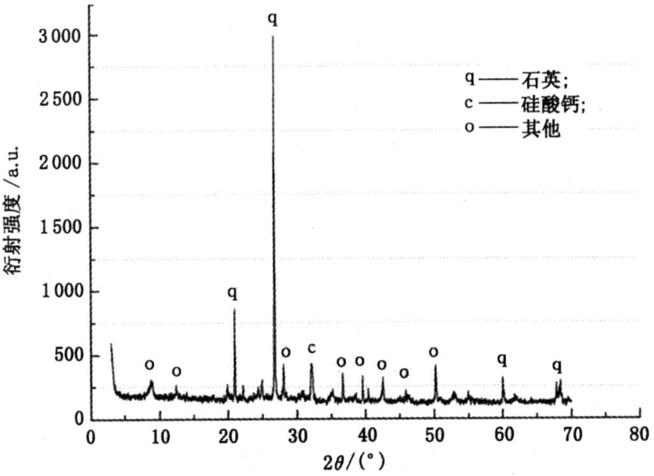

(e)

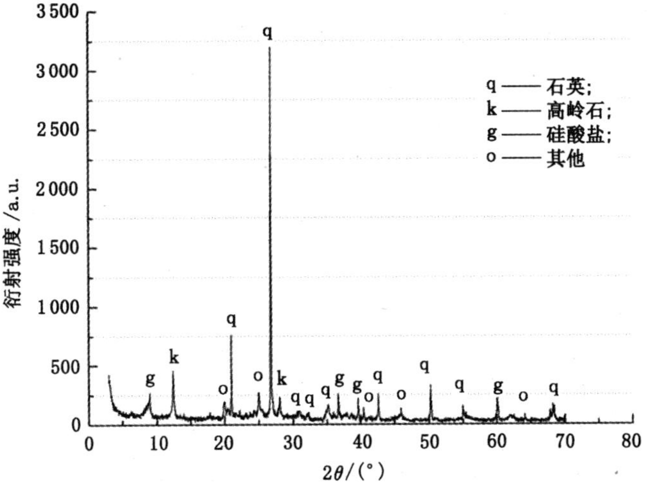

(f)

续图 2.3.3 某矿 1# ～6# 岩石样品衍射图谱分析

(a) 1# ;(b) 2# ;(c) 3# ;(d) 4# ;(e) 5# ;(f) 6#

当的高能辐射激发后，放射出该原子所具有的特征 X 射线，探测该元素特征 X 射线的波长(或能量)以及射线强度，即可获得元素定性及定量分析信息。研究级 X 射线荧光光谱仪的元素测量范围一般为^{4}Be～^{92}U。XRF 方法不仅用于常量元素的定性和定量分析，同时也可以进行微量元素测定，其检出限多数可达 10^{-6}，与分离、富集等手段相结合后重元素可达 10^{-8}。目前 X 射线荧光光谱分析不仅广泛应用于地质、冶金、矿山、电子机械、石油、化工、航空航天等各个领域的物质材料的化学成分分析，而且在钢铁、水泥等行业实现了生产工艺过程各个阶段中间产品的现场监测与控制，及时给出工艺过程中的相关信息，实现了现场指导及随时调整生产过程。

X 射线荧光的测量是一种物理过程，样品不产生化学变化，因此不消耗和损坏样品，样品可重复使用，亦可作无损分析(如金银饰物的无损检验等)。根据不同的分析对象和要求，样品可以是金属材料、非金属材料、块状样品、玻璃熔片样品、粉末压片样品、松散粉末样品、液体样品、不规则样品等。与此同时，X 射线荧光分析也是一种表面/表层分析方法，研究级 XRF 同时具备多层薄膜样品分析功能，在金属材料、纳米材料、半导体材料等领域已得到成功应用，目前已逐步成为多种材料行业普遍的质量控制手段。

2.3.2.1 测试仪器及样品试制

(1) 测试仪器：本节采用 S8 Tiger X 射线荧光光谱仪对岩石样品进行元素定量分析，其测试方式为校正曲线定量分析。对直接取原样研磨通过 200 目筛网后，制备压片，压力为 40 MPa，保留时间为 40 s。测试仪器及原理简图如图 2.3.4 所示。

(2) 测试仪器主要技术指标：顺序扫描式；分析元素范围：

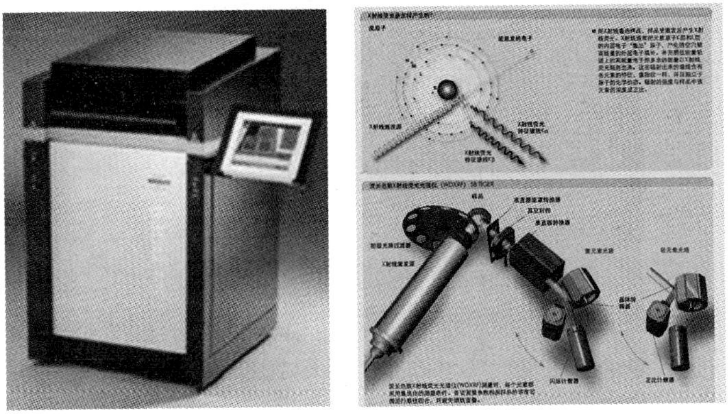

(a)　　　　(b)

图 2.3.4　Bruker S8 Tiger X 射线荧光光谱仪及原理简图

(a) 光谱仪;(b) 光谱测试原理图

$^{4}Be \sim ^{92}U$;元素定量范围:ppm(10^{-6})到 100%;最大功率/电流:4 kW/170 mA;下照射方式。

(3) 测试仪器主要功能配置:元素精确定量分析;无标样定量分析;多层薄膜分析等。

(4) 制样:XRF 光谱分析粉末样品制备方法主要有粉末压片法和熔融法两种,本次实验采用压片法,首先对样品用玛瑙碗进行研磨,再采用机械振动研磨至 200 目以上,制成厚度为 2 mm 左右的样品饼。

2.3.2.2　化合物及元素测试结果

2.3.2.2.1　样品化合物组成

通过荧光光谱分析,6 组样品均测试分析出 8 种化合物,分别是 Na_2O、MgO、Al_2O_3、SiO_2、K_2O、CaO 和 Fe_2O_3,以及基体中的 CO_2,具体见表 2.3.3。

表 2.3.3　　某矿样品化合物组成测试结果　　单位:%

序号	化合物	1#	2#	3#	4#	5#	6#
1	Na_2O	1.17	1.60	1.54	0.97	1.63	0.98
2	MgO	0.77	0.91	0.76	0.86	1.54	0.91
3	Al_2O_3	16.43	20.03	21.03	22.58	17.32	22.85
4	SiO_2	65.55	63.69	64.46	65.22	57.33	63.29
5	K_2O	1.32	3.15	3.26	3.04	2.63	2.78
6	CaO	2.76	1.29	1.09	0.29	1.63	1.38
7	Fe_2O_3	6.01	4.81	3.52	4.04	10.75	3.67
8	CO_2	5.28	3.49	3.52	2.07	6.41	3.20
小计		99.29	98.97	99.18	99.07	99.24	99.06

2.3.2.2.2　样品元素组成

6 组样品一共测试分析出 27 种元素，具体组成见表 2.3.4，元素及化合物的注释见表 2.3.5。

表 2.3.4　　某矿样品元素组成测试结果　　单位:ppm

序号	元素	1#	2#	3#	4#	5#	6#
1	Sc	12.9	11.5	7.8	20.3	15.7	19.3
2	Ti	4 045.6	7 091.3	5 343.7	6 298.6	4 129.8	6 422
3	V	85.9	91	79.1	118.5	82	115.5
4	Cr	192.2	147.1	120.3	95	168.2	99.1
5	Mn	1 016.1	575.2	439	359.6	1 080.7	338.3
6	Co	11.1	8.2	7	11.8	8.6	11.5
7	Ni	21.7	16.8	14.4	27.3	15.6	26.1
8	Cu	10.3	8.8	8.1	28.1	9.2	26.8

续表 2.3.4

序号	元素名称	1号	2号	3号	4号	5号	6号
9	Zn	79.4	65.6	51.6	116.5	51.8	92
10	Ga	14.5	17.6	19.3	29.8	14.8	27.9
11	As	17.9	3.5	—	—	—	—
12	P	615	815.1	787.5	441.2	647.4	567.6
13	S	119.6	66.7	37.6	37.7	117.9	—
14	Cl	26.8	36.3	39.3	16.4	52.6	—
15	Br	—	0.9	1.3	1.3	—	—
16	Rb	44.5	84.6	88.2	133.2	78	115.8
17	Sr	188.1	183	182.9	219.4	175.3	253.4
18	Y	27.1	26.5	18.8	36.7	21.5	35.7
19	Zr	100.5	416.4	235.9	267.7	244	285.3
20	Nb	23.2	24.7	20.6	26.5	16	25.6
21	Ba	328.1	505.7	492.9	730.4	424.2	681.1
22	La	34.2	44.5	45	64	44.9	74.5
23	Hf	4.2	13.3	7.6	8.8	6.7	9
24	Pb	18.2	17.5	14.2	28.1	15.7	31.4
25	Ce	74.9	109.8	98.9	137.2	86.5	140.7
26	Th	8	19	13	19.2	11.4	18.7
27	Mo	—	—	—	—	5.2	—
小计		7 120	10 400.6	8 174	9 273.3	7 523.7	9 417.3

表 2.3.5　　化合物及元素注释说明

分子式	名称	符号	名称	符号	名称	符号	名称
Na_2O	氧化钠	As	砷	Hf	铪	S	硫
MgO	氧化镁	Ba	钡	La	镧	Sc	钪

续表 2.3.5

分子式	名称	符号	名称	符号	名称	符号	名称
Al_2O_3	氧化铝	Br	溴	Mn	锰	Sr	锶
SiO_2	二氧化硅	Ce	铈	Mo	钼	Th	钍
K_2O	氧化钾	Cl	氯	Nb	铌	Ti	钛
CaO	氧化钙	Co	钴	Ni	镍	V	钒
Fe_2O_3	氧化铁	Cr	铬	P	磷	Y	钇
CO_2	二氧化碳	Cu	铜	Pb	铅	Zn	锌
		Ga	镓	Rb	铷	Zr	锆

2.3.2.3 测试结果分析

2.3.2.3.1 化合物组成分析

根据上述测试数据可制作 6 份样品的化合物分布柱状图，如图 2.3.5 所示。

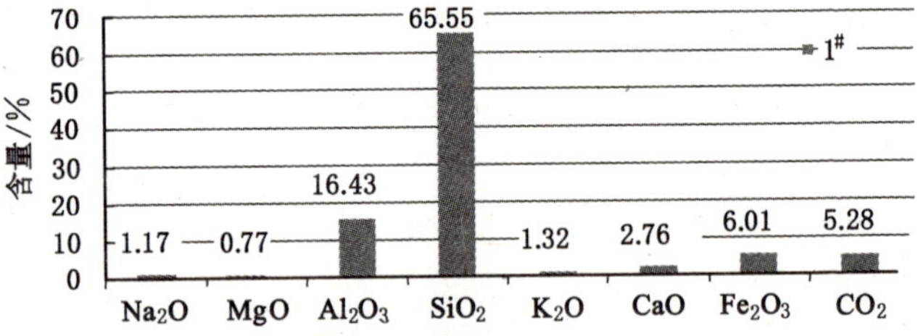

(a)

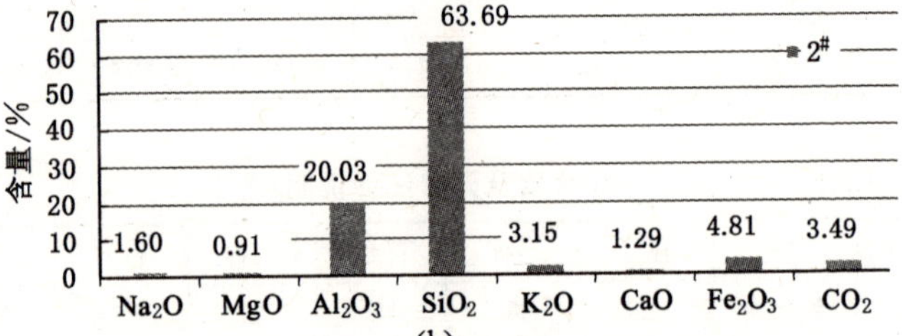

(b)

图 2.3.5 6 份样品的化合物分布柱状图

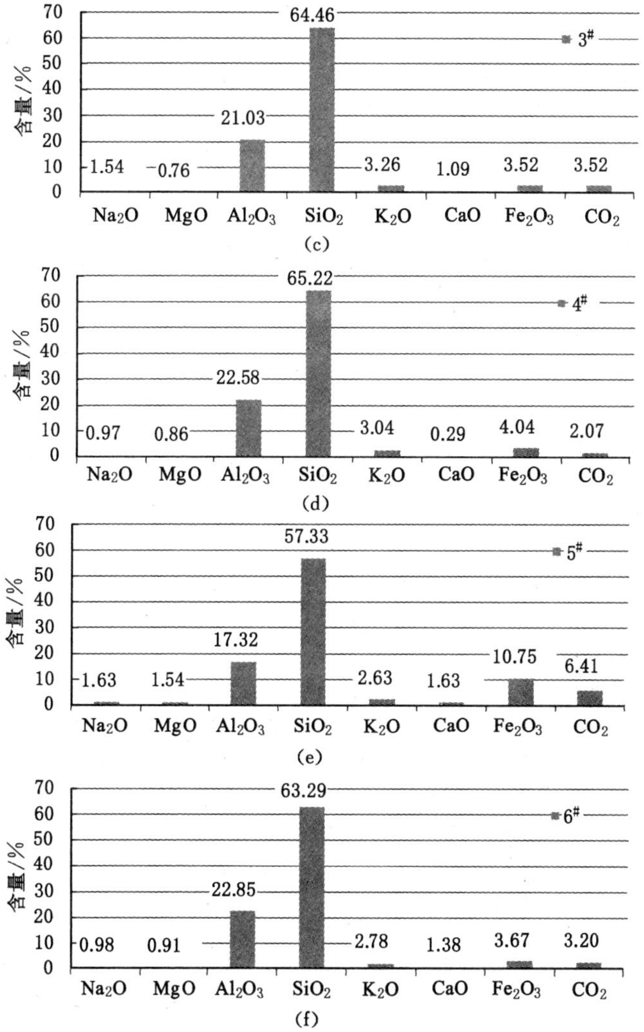

续图 2.3.5　6 份样品的化合物分布柱状图

(a) 1#；(b) 2#；(c) 3#；(d) 4#；(e) 5#；(f) 6#

根据测试结果，可以得出：

(1) 所测试的 6 份样品中 Na_2O、MgO、Al_2O_3、SiO_2、K_2O、CaO 和 Fe_2O_3 以及基体中 CO_2 的含量超过样品质量的 99%。

(2) 6 份样品中的石英含量最高，1# 和 4# 样品超过了 65%，3# 样品为 64.46%，2# 和 6# 样品均在 63%以上，5# 样品最小，但也超过了 57%。

(3) Al_2O_3 为占比第二的化合物，占比在 1/5～1/6 左右，其中 6# 样品含量最高，达到 22.85%，4# 样品的含量与其他基本相当，为 22.58%，2# 和 3# 样品含量也超过了 20%，1# 样品含量最低，仅为 16.43%。

(4) MgO 在 6 份样品中的含量最低，除 5# 样品占比为1.54%外，其余 5 份样品的含量均未达到 1%。Na_2O 是略多于 MgO 的化合物，含量在 1%左右。

(5) K_2O 在 6 份样品中的含量为 1.32%～3.26%，平均 2.65%；CaO 含量从 0.29%～2.76%不等，平均 1.42%；Fe_2O_3 含量从 3.67%～10.75%不等，平均 5.47%。

2.3.2.3.2　元素含量分析

(1) 6 份样品检出的 27 种元素的含量在 7 120～10 400 ppm 之间。但 3#、4#、5# 和 6# 样品没有检测出 As 元素；1#、5# 和 6# 样品没有检测出 Br 元素；除 5# 样品外，其余各样品均没有检测出 Mo 元素；6# 样品还没有检测出 S 和 Cl 元素。

(2) 6 份样品中含量最高的元素是 Ti 元素，2# 样品最高，达到 7 091.3 ppm，1# 样品最低，但也达到了 4 045.6 ppm。6 份样品均未检测出放射性 U 元素。6 份样品中的金属元素含量，如 Cu 等均相对较低，非金属元素如卤族元素 Cl、Br 都有检出，但未检出 F 和 I 两种元素。

2.3.2.3.3　关于岩性的进一步确定

结合岩石 X 射线衍射分析结果和本节的组分测试结果，并根据岩石的三级命名法，即“以含量大于或等于50%的粒级定岩石的主名，即基本名；含量介于50%～25%的粒级以形容词‘＊＊质’的形式写在基本名之前；含量在25%～10%的粒级作次要形容词”，可以确定本次测试的6份样品，即某矿2号、3号煤系地层的岩石性质分别为：砂岩(1# 样品——2号煤层基本顶)；泥质砂岩(2# 样品——2号煤层直接顶)；砂岩(3# 样品——3号煤层基本顶)；泥质砂岩(4# 样品——3号煤层直接顶)；铁质泥岩(5# 样品——3号煤层直接底)；泥质砂岩(6# 样品——3号煤层基本底)。

2.3.3 电镜扫描分析测试

扫描电子显微镜是科学研究和工业生产中探索微观世界、进行表面结构和成分表征的不可缺少的工具。环境扫描电镜为FEI公司(原飞利浦电镜)首创，样品室及镜筒压差控制系统和探测器设计保证了环扫系统可以在高真空/低真空/超低真空环境下对导体/半导体/绝缘体进行无喷涂导电层直接分析表征，更可在数千帕条件下进行含水、有气样品的原始形貌观测表征、气体和样品之间相互作用的原位观测研究。目前环扫系统已广泛应用于无机材料、石油地质、生物样品等不导电样品的形貌表征以及原位过程分析。

本节采用Quanta™ 250环境扫描电子显微镜对所采集的12份样品进行电子扫描，以判别其表面结构和成分表征。

2.3.3.1 测试仪器及样品要求

本节所用的测度仪器主要有两种，如图2.3.6所示：① 中国矿业大学现代分析与计算中心配备的Quanta™ 250环境扫描电子显微镜系列是FEI公司在2009年7月后推出的最新系列产品，具有良好的超低真空/低真空工作稳定性及样品信号收集效果，仪器如图2.3.6所示；② QUANTAX是一种理想的多功能能量色散型微分析系统，目前广泛应用于工业、教育、科研等领域。中国矿业大学现代分析与计算中心购置的QUANTAX400-10配备了第五代超高分辨率XFlash®5010系列无液氮SDD硅漂移探测器以及最新一代 ESPRIT 软件系统，可对体材料、薄膜材料、抛光样品、粗糙样品以及颗粒样品提供精确的微区定性、定量分析数据。

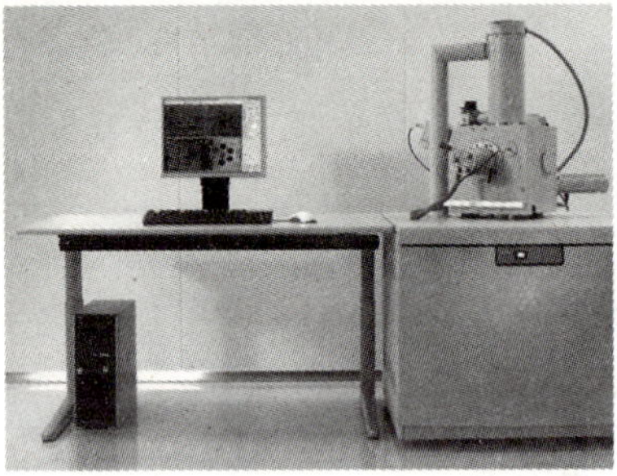

(a)

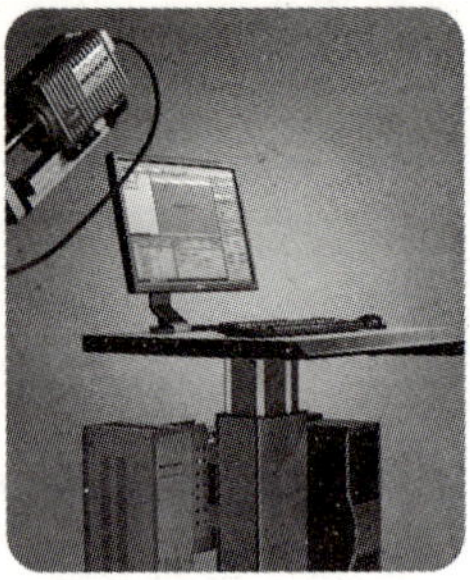

(b)

图 2.3.6 环境扫描电子显微镜和附件

(a) Quanta™ 250 环境电子扫描显微镜；

(b) Bruker QUANTAX400-10 电制冷能谱仪

(1) Quanta™ 250 环境扫描电子显微镜性能指标：高真空模式分辨率：≤3.0 nm@30 kV(SE)、≤4.0 nm@30 kV(BSE)、≤8 nm@3 kV(SE)；低真空模式分辨率：≤3.0 nm@30 kV(SE)、≤4.0 nm@30 kV(BSE)、≤10.0 nm@3 kV(SE)；环境真空模式分辨率：≤3.5 nm@30 kV(SE)；放大倍数：6～100 万倍；加速电压：0.2～30 kV。

主要附件配置：

能量色散谱仪：元素探测范围 Be(4)～Am(95)。

电制冷冷台系统：−20～60 ℃；热台系统：最高温度 1 500 ℃。

(2) Bruker QUANTAX400-10 电制冷能谱仪(扫描电子显微镜附件)主要技术参数：探测芯片有效探测面积：10 mm^2；能量分辨率：Mn-Ka 分辨率优于 129 eV(测试条件 1 000～100 000 c/s)；最大输入计数：1 000 000 c/s，最大输出计数：400 000 c/s；窗口类型：超薄轻元素探测窗口；元素探测范围：^{4}Be～^{95}Am；可支持

4096×3072 像素分辨率的图像；系统稳定性：1 000 000 c/s 以内输入计数谱峰偏移不超过 1 eV。

2.3.3.2　样品电镜扫描结果

针对 1$^{\#}$～6$^{\#}$ 共 6 种样品的电镜扫描自 1 200×起，分别按照 2 500×、5 000×至 10 000×止，样品分为岩石破坏前和岩石破坏后 2 种，这样能对岩石微观节理发育、孔隙裂隙、产状和颗粒分布等进行更直观的了解。每份样品均扫描以上 4 种倍数，共 48 张图片，如图 2.3.7～图 2.3.18 所示。

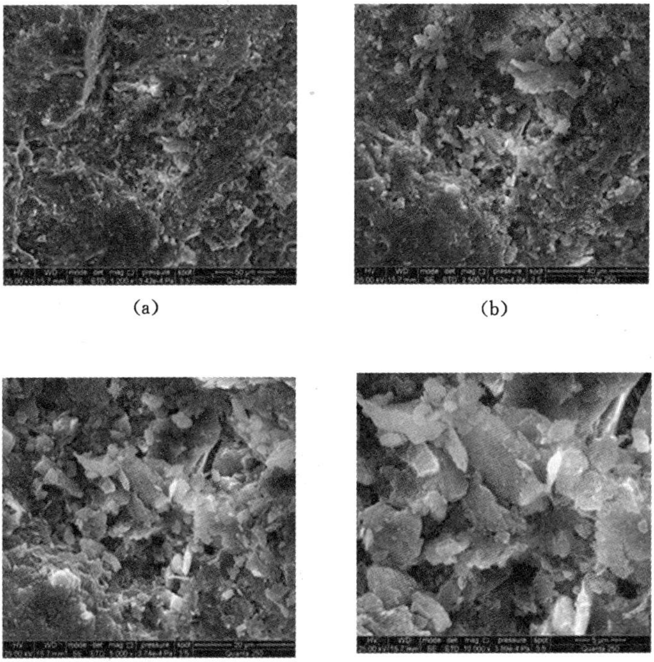

(a)　(b)　(c)　(d)

图 2.3.7　岩石性能测试前 1$^{\#}$ 样品

(a) 1 200×；(b) 2 500×；(c) 5 000×；(d) 10 000×

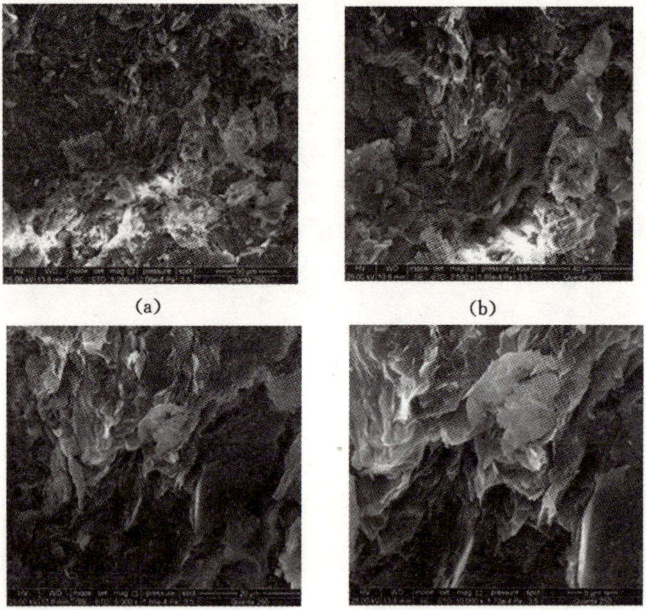

(a) (b) (c) (d)

图 2.3.8　岩石性能测试后 1# 样品

(a) 1 200×;(b) 2 500×;(c) 5 000×;(d) 10 000×

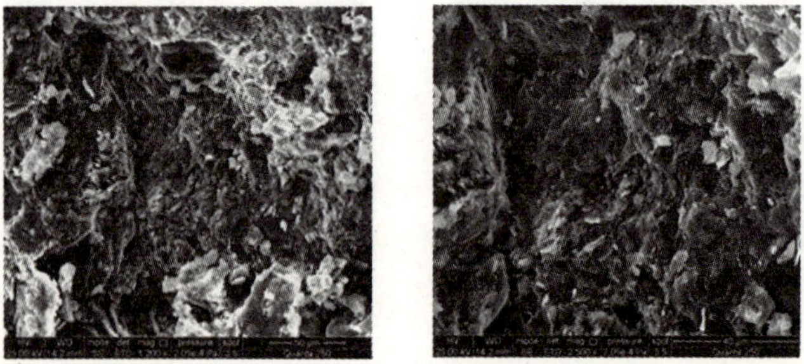

(a) (b)

图 2.3.9　岩石性能测试前 2# 样品

(c) (d)

续图 2.3.9 岩石性能测试前 2# 样品

(a) 1 200×;(b) 2 500×;(c) 5 000×;(d) 10 000×

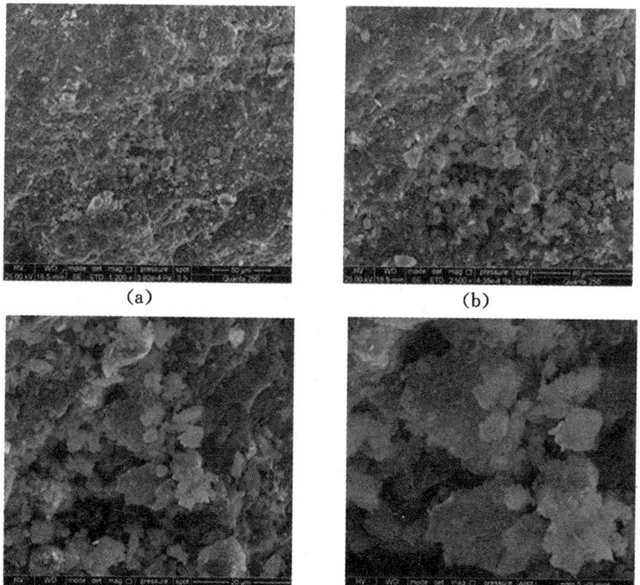

(a) (b) (c) (d)

图 2.3.10 岩石性能测试后 2# 样品

(a) 1 200×;(b) 2 500×;(c) 5 000×;(d) 10 000×

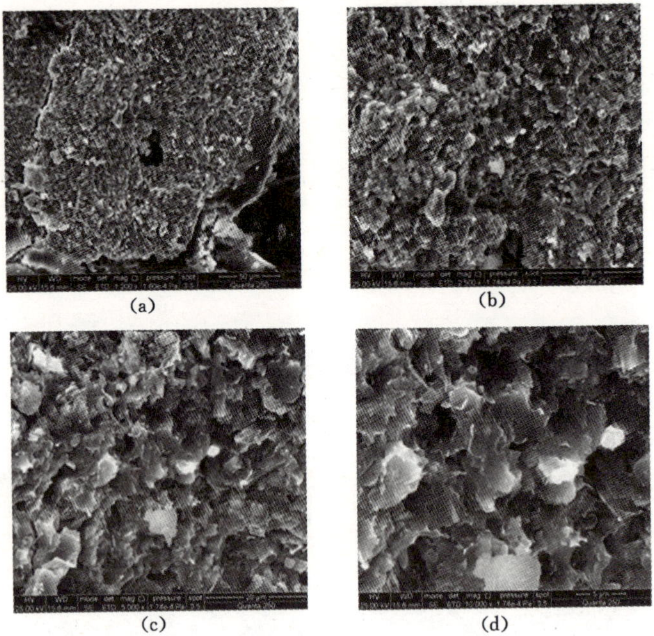

图 2.3.11　岩石性能测试前 3# 样品

(a) 1 200×；(b) 2 500×；(c) 5 000×；(d) 10 000×

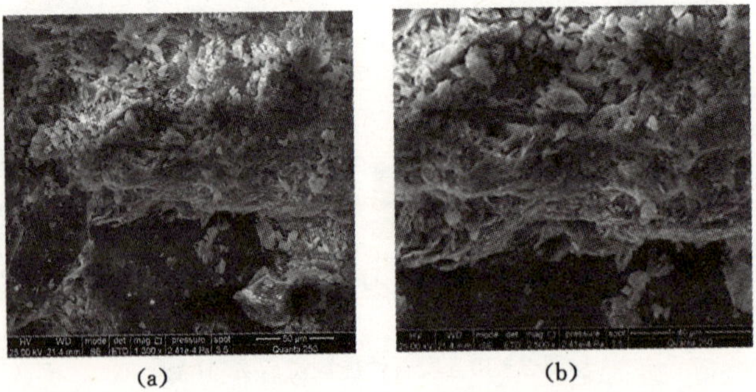

图 2.3.12　岩石性能测试后 3# 样品

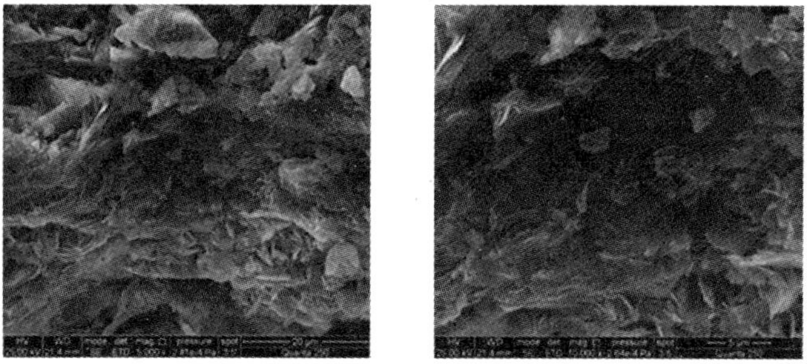

(c)　(d)

续图 2.3.12　岩石性能测试后 3# 样品

(a) 1 300×;(b) 2 500×;(c) 5 000×;(d) 10 000×

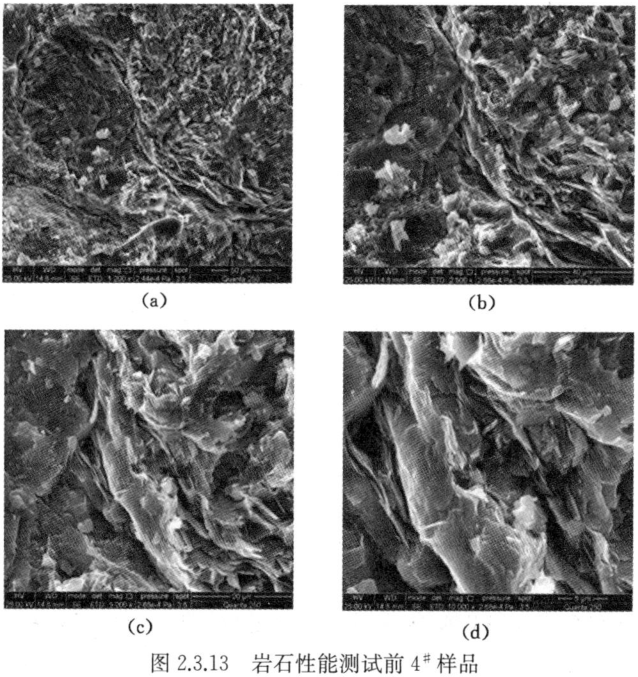

(a)　(b)

(c)　(d)

图 2.3.13　岩石性能测试前 4# 样品

(a) 1 200×;(b) 2 500×;(c) 5 000×;(d) 10 000×

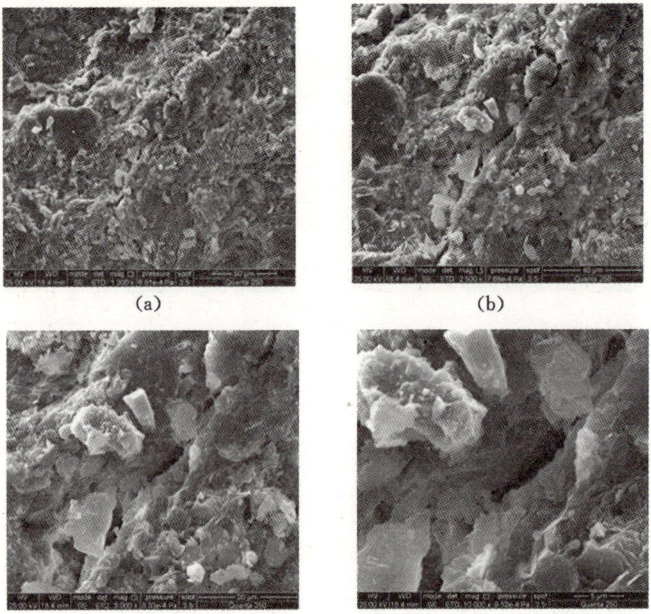

(a) (b) (c) (d)

图 2.3.14 岩石性能测试后 4# 样品

(a) 1 200×;(b) 2 500×;(c) 5 000×;(d) 10 000×

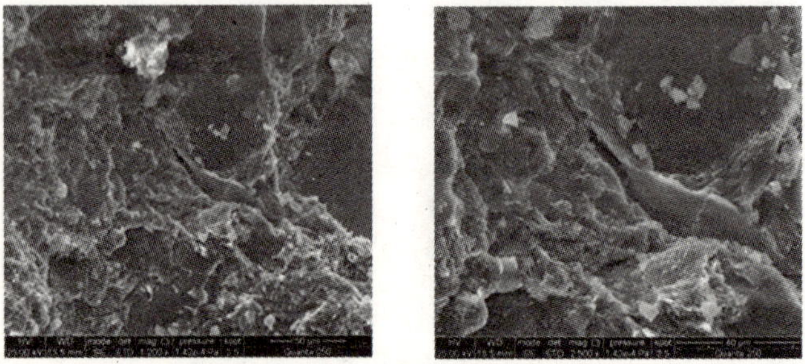

(a) (b)

图 2.3.15 岩石性能测试前 5# 样品

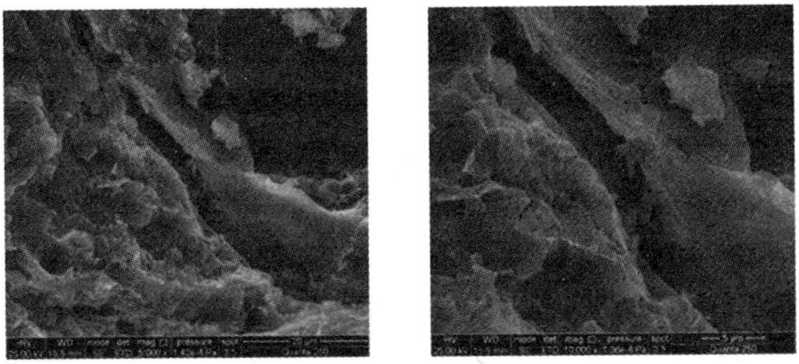

(c) (d)

续图 2.3.15 岩石性能测试前 5# 样品

(a) 1 200×;(b) 2 500×;(c) 5 000×;(d) 10 000×

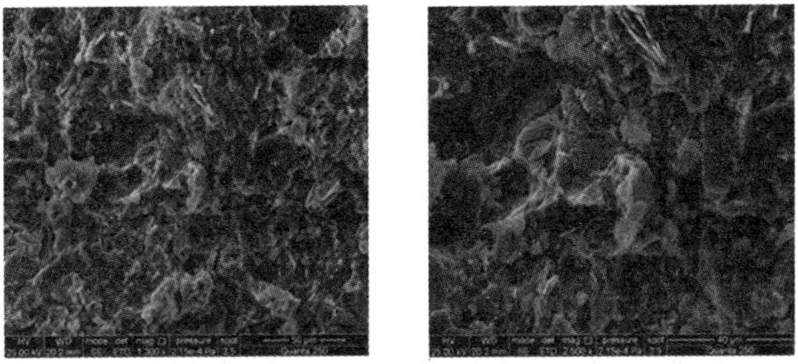

(a) (b)

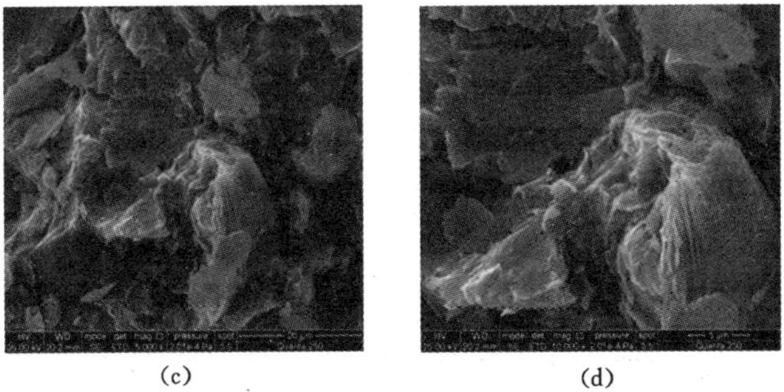

(c) (d)

图 2.3.16 岩石性能测试后 5# 样品

(a) 1 200×;(b) 2 500×;(c) 5 000×;(d) 10 000×

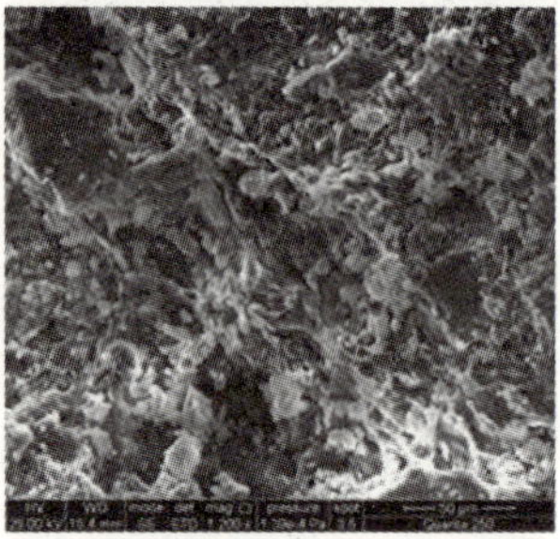
(a)

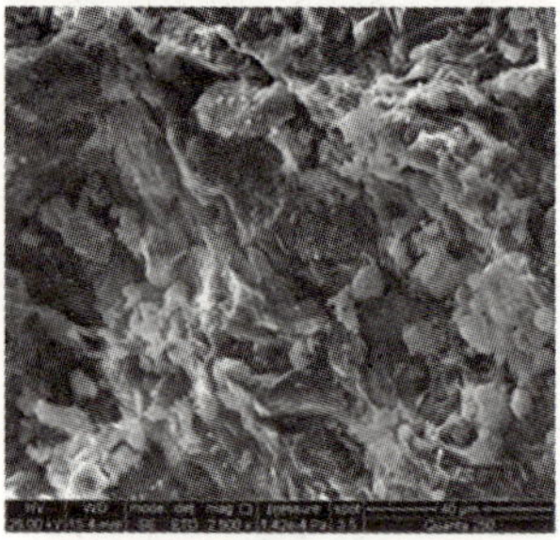
(b)

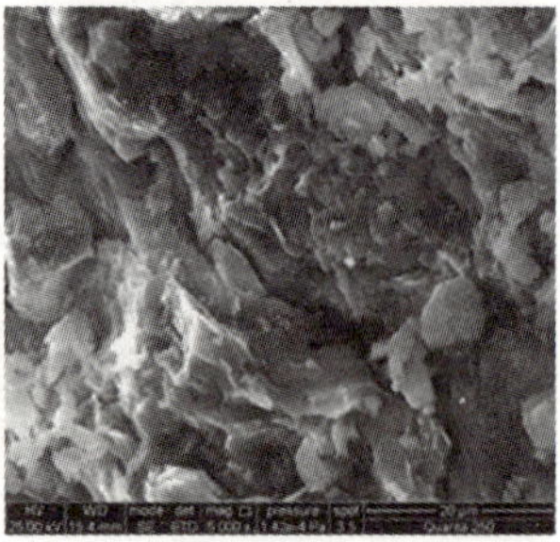
(c)

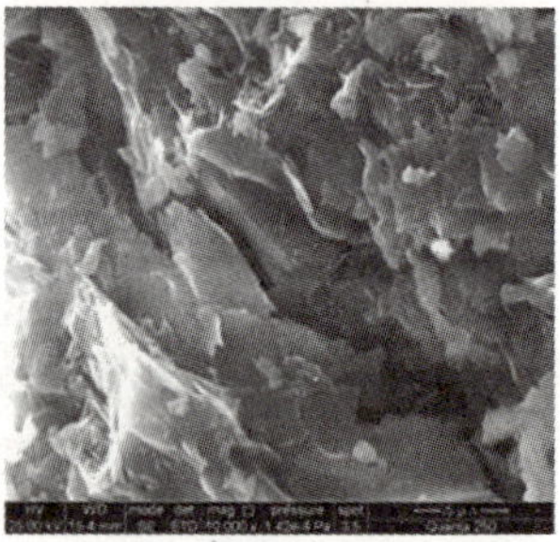
(d)

图 2.3.17　岩石性能测试前 6# 样品

(a) 1 200×；(b) 2 500×；(c) 5 000×；(d) 10 000×

(a)

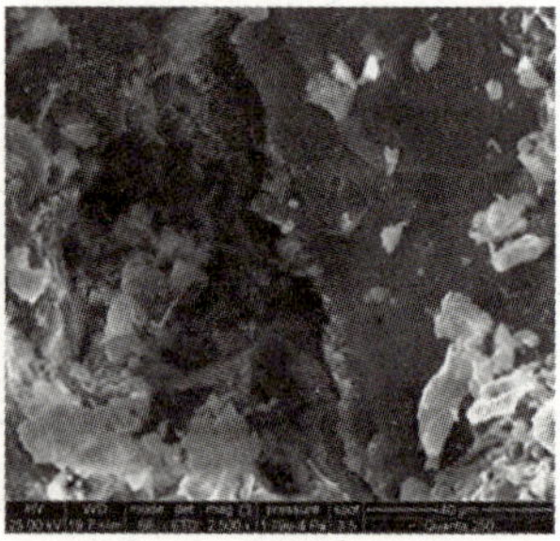
(b)

图 2.3.18　岩石性能测试后 6# 样品

(c)

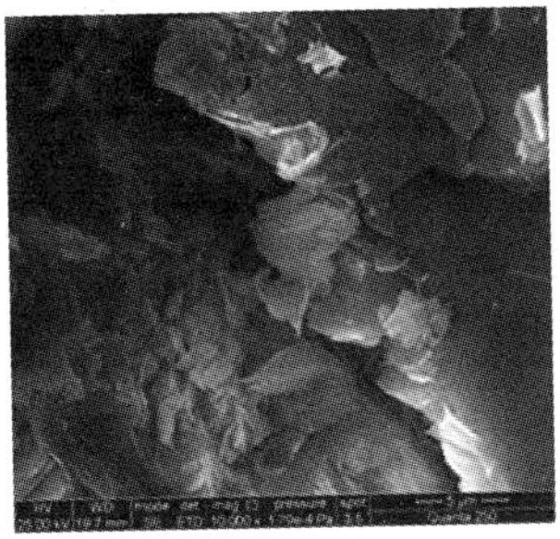

(d)

续图 2.3.18 岩石性能测试后 6# 样品

(a) 1 200×;(b) 2 500×;(c) 5 000×;(d) 10 000×

2.3.3.3 岩石电镜扫描结果分析

(1) 扫描电镜可以观察到光学显微镜所观察不到的细微结构,提供丰富的微观信息,确定组成细粒或集合体的大小和形态、颗粒的结晶轮廓和它们相互的定向排列;了解各种显微矿物杂质、包裹体;研究它们与矿物形成的规律性及联系;研究矿物成分与结构均一程度等。

(2) 本实验将原始样品进行自然破坏,制成标准观测样品,对岩石的表观形貌、裂隙发育情况及岩石的颗粒形貌进行观察。采用快速观测方法,拍摄岩石样品 1 200×、2 500×、5 000×和 10 000×扫描电子显微镜下的照片。

(3) 分析结果:从某顶板泥岩和某底板泥岩样品电镜扫描可观察到呈片状集合体布置,随着扫描倍数的加大,可见不规则薄片剥落、孔隙发育,再加大扫描倍数可见弯曲薄片定向排列及鳞片状薄片剥落现象;某顶板砂岩电镜扫描可观察到呈蜂窝状集合体布置,随着扫描倍数加大,可观察到颗粒经沉淀作用沉淀成硅质薄片状堆积;某顶板层状砂岩电镜扫描可观察到呈粒状和蜂窝状集合体布置,结构紧密,随着扫描倍数增加,可观察到因沉淀作用呈细碎薄片状堆积。

(4) 岩石存在天然缺陷，矿物颗粒之间或颗粒内部的微小二维界面和三维孔隙，如颗粒边界、矿物解理、微裂隙、粒间孔隙、软弱矿物等可能是诱导岩石破裂的主要原因之一。

(5) 通过对岩石破坏前后的对比分析，可以发现：由于岩石力学性能试验是宏观施压、施拉和施剪，而电镜扫描是在微观层面的分析，二者不在一个量级，故岩石破坏前和破坏后的微观节理发育、颗粒分布、结构等没有明显变化。

2.4 锚杆原位拉拔与临界锚固长度的确定

与众学者所认识的矿山压力与矿山压力的显现是两个概念相同，锚固段承受的载荷与变形破坏也是两个概念，载荷大小是绝对的，而变形破坏是相对的。界面的黏结强度低，较小的载荷就能造成锚固段的黏结破坏，围岩的变形破坏表征剧烈；反之，界面间的黏结强度高，施加很大的载荷仍能保持锚固段处于弹性阶段，围岩的控制效果好，煤岩体不会产生变形破坏。

2.4.1 锚固段的脱黏与载荷传递的一般过程

2.4.1.1 锚固段载荷与变形破坏

锚固段的脱黏是一个由量变到质变，从孕育、发生、发展到破坏的循环过程。锚固段的受力与变形是相互适应、同时发生的，力包括剪应力和轴力都蕴藏于锚固体系之内，除非采用专门的仪器，是很难有具体的表征性的客观存在；而锚固段的渐次脱黏和破坏是表形于外的客观现象。但就发生的时间同一性而言，两者是同时发生、共同作用的，也是同一实质的不同表述。除非锚固长度特别短，一般第 2 界面的脱黏是一个渐进和缓慢的过程，黏结应力的峰值随黏结破坏向围岩深部转移，周而复始地进入再一次循环，直至锚孔底部，最终产生锚杆与锚固剂被全部拉出的锚固失效破坏。

2.4.1.2 锚固段的累次破坏与脱黏

锚固段的累次破坏或渐次脱黏过程可以分为以下几个阶段：

第1阶段，锚杆完成施工后，在进行预紧或拉拔实验的起始阶段，由于杆体受力较小，自由段和黏结段均为弹性变形，两者之间的交接处黏结应力最大，并向围岩深部以负指数或反双曲函数分布降低，黏结段弹性区的杨氏模量可以岩石的弹性模量为准。

第2阶段，随外部施加的载荷增大，抑或采动应力造成的围岩扩容变形增加，杆体受力随之升高，交接处的第2界面出现脱黏现象，当交接处塑性破坏进一步演化后，黏结应力峰值向围岩深部缓慢渐移，但是，塑性破坏的锚固段微元能够提供较高的摩擦阻力；弹性区内的黏结应力仍以负指数或反双曲线函数分布，塑性区的杨氏模量可以锚固剂与杆体的复合体弹性模量为准。

第3阶段，如果杆体施加的外部载荷进一步增大，黏结应力峰值进一步向围岩深部转移，锚固段外口边缘一定范围内的锚固剂、煤岩体或两者共同严重破坏，形成破裂区，此区域的杨氏模量可以用杆体的弹性模量进行修正后获得，破裂区不能或者仅能提供较小的摩擦阻力；而新形成的塑性区负责提供第2阶段中较高的摩擦阻力；弹性区的黏结应力仍以负指数或反双曲函数分布。

第4阶段，黏结应力峰值转移至锚孔底部，锚固段全部脱黏，锚固失效。

在上述第2阶段或第3阶段中，由于黏结应力向围岩深部转移，根据几何协调变形原理，杆体自由段伸长量、锚固段破裂区与塑性区的伸长量，以及弹性区的伸长量，在整个系统中达到几何平衡。

关于轴力与黏结应力，自由段轴向拉应力沿杆体平均分布，剪应力为零；锚固段破裂区与此相同；锚固段塑性区承受轴向拉应力和剪应力，轴力逐渐降低，剪应力逐渐增大(中性点)。黏结式端部锚固锚杆拉拔时的黏锚力分布及变化规律如图2.4.1所示，轴向拉应力分布及变化规律如图 2.4.2 所示。图中 τ_{xyt0},σ_{yt0} 曲线分别为锚杆各点黏锚力均未曾达到极限时,即拉拔过程的初始阶段黏锚力和杆体轴向拉应力的分布曲线,应力值随深度增大而减小,锚杆更深处的部分在拉拔初始阶段不受力。曲线 τ_{xyt1},σ_{yt1} 分别为锚杆锚固部分外端的黏锚力刚达到极限值时的黏锚力和杆体轴向拉应力的分布曲线,此阶段的锚杆受力仍随深度的增加而减小。此为第 1 临界变形阶段。

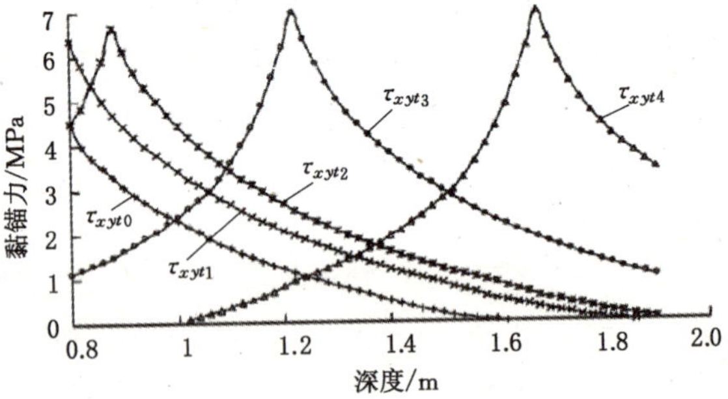

图 2.4.1 端锚拉拔时黏锚力分布及变化规律

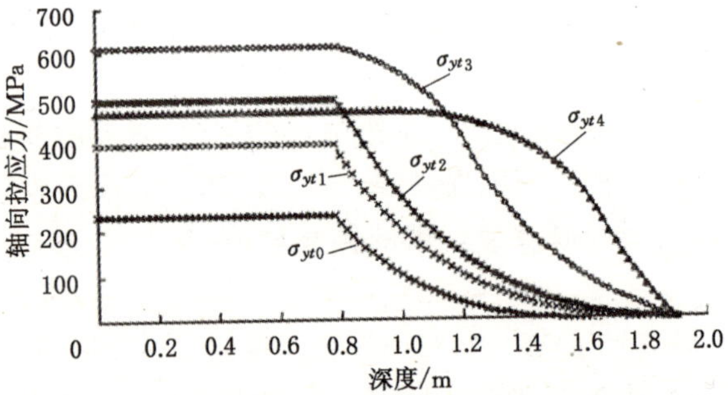

图 2.4.2 端锚拉拔时轴向拉应力分布及变化规律

曲线 τ_{xyt2}，σ_{yt2}，τ_{xyt3}，σ_{yt3} 分别为锚固段中靠近未锚部分的黏锚力曾达到极限值并因锚杆与围岩相对错动而使该部位的黏结性能减弱或完全丧失情况下的黏锚力和轴向拉应力分布曲线，为第2临界变形阶段。

当锚杆中保持有效黏锚状态的长度过小时，产生的轴力将会小于最大轴力，如曲线 τ_{xyt4}，σ_{yt4} 所示，为第3阶段。

2.4.1.3 锚固单元的组成及基本假设

2.4.1.3.1 锚固单元

锚固单元中，杆体与锚固剂的黏结界面为第1界面，锚固剂与煤岩体的黏结界面为第2界面。通常情况下锚固失效发生在第2界面，根据锚固剂与煤岩体黏结强度的异同，可以分为煤岩与锚固剂两者相当，或煤岩体黏结强度大于锚固剂，又或煤岩体黏结强度小于锚固剂等三种情况。由于多数情况下锚固环境中多为煤系地层的赋存为薄层互层的状况，此时锚固的黏结应力和载荷分布则更加复杂。

然而黏结强度的获取比较困难，如果选取测定煤体或岩石与锚固剂的抗拉强度、抗压强度作为力学性能指标，则相对要容易得多。

锚固力是指锚杆的极限抗拉拔能力，工作锚固力是指锚杆在特定时刻的实际承载能力，其最大值为峰值黏结力，锚杆工作锚固力达到峰值黏结力后不再增加。

2.4.1.3.2 基本假设

假定：① 锚固剂均匀包裹杆体，不考虑搅拌不均匀、树脂药卷塑料包装、锚孔孔壁破坏造成的锚固缺陷；② 不考虑煤岩界面对锚固的影响；③ 锚固的煤岩体为均质特性；④ 锚杆仅承受纯轴向拉应力，不考虑弯、扭、剪的破坏；⑤ 只考虑第2界面破坏，即锚固剂与煤岩体脱黏；⑥ 锚杆拉拔前自由段与锚固段杆体均不受力；⑦ 不考虑锚固剂挤入锚孔径向缝隙，不考虑径向摩阻力。

2.4.1.4 临界锚固长度

树脂锚杆的锚固力是指锚杆在拉拔试验中所能抵抗拉拔的能力。也就是说，锚固力是指锚杆被拔出的最大载荷。拉拔后，锚杆破坏形式有4种：① 锚杆杆体拉断；② 锚杆杆体从锚固剂中拔出；③ 杆体带着锚固剂从钻孔中拔出；④ 锚固体(围岩、混凝土)在锚杆四周产生锥形体剪切破坏。

严格地说，出现第②、③种破坏时的拔出载荷称为锚固力。锚固力的大小主要决定于：① 锚固剂与杆体之间的黏结强度；② 锚固剂与锚固体(围岩、混凝土)之间的黏结强度；③ 杆体本身的强度。

从理论上讲，黏结强度应该是被黏合两种材料之间固有的强度，是通过黏合面材料的分子扩散、分子间引力与化学键等物理与化学作用而产生的。

锚固类结构杆体临界锚固长度是指一定岩土介质中锚固类结构杆体的极限锚固长度，超过此长度，其承载力将不再明显增加；未达此长度，其承载力尚有一定潜力可挖。

锚固力或锚固能力用锚固指数判断。锚固指数，即以每吨载荷增量的锚杆位移量，作为评定各种锚杆优劣与量测锚固力的质量指标。

2.4.2 试验设备及锚杆布置

锚杆拉拔试验，主要通过锚杆拉力计完成，如图2.4.3所示。锚杆拉力计是测定锚杆锚固力与锚栓等锚固件抗拔力的检测工具，由手动油泵、压力表、高压油管、油缸、拉杆、转换接头组成，体积小、重量轻、携带方便、操作简单，通过手动油泵对锚杆施加拉拔力，使锚杆轴向出现拉应力。

某矿锚杆拉拔试验地点为3103辅助运输平巷和2105进风平巷。其中，3103辅助运输平巷顶板和帮部分别布置拉拔锚杆6根，锚固长度依次为300 mm、500 mm、700 mm、900 mm、1 110 mm、1 300 mm，共12根。2105进风平巷顶板和帮部分别布置拉拔锚

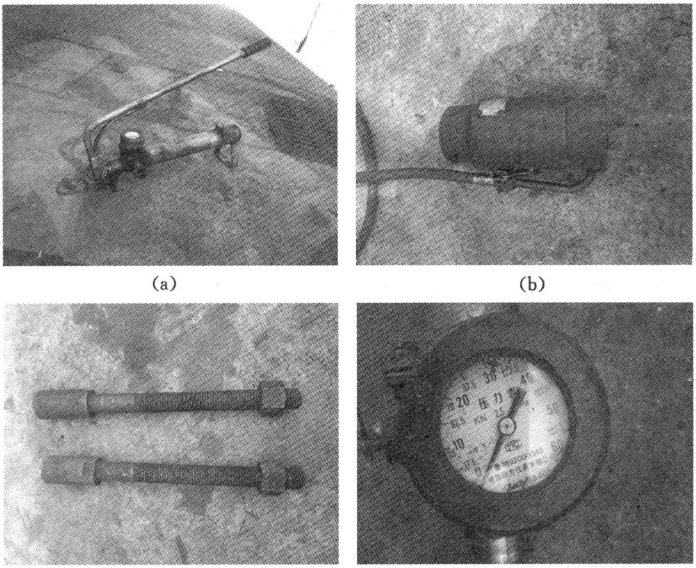

(a) (b)

(c) (d)

图 2.4.3 锚杆拉力计实照图

(a) 油泵；(b) 油缸；(c) 拉杆；(d) 机械式压力表

杆 7 根，锚固长度依次为 200 mm、400 mm、600 mm、800 mm、1 000 mm、1 200 mm 和 1 400 mm，共 14 根。

2.4.3 顶板锚杆拉拔试验分析

某矿 2 号煤层基本顶为 K_8 中细砂岩，厚 1～11.4 m，平均 5.66 m，裂隙较发育，质硬，钙质胶结，属中等坚硬岩石，冒落性Ⅱ类顶板；直接顶板为泥岩，质软，厚度平均 4.84 m，局部含有伪顶为砂质泥岩、质软、易碎、随采煤垮落。3 号煤层基本顶为中细砂岩或粉砂岩，质硬，钙质或硅质胶结，裂隙发育，方解石脉充填，属中等坚硬岩石，冒落性Ⅱ类顶板，厚 1～4.66 m，一般平均3.12 m；局部直接顶板为泥岩，厚 2.43～4.15 m，平均3.29 m，质软。

顶板锚杆拉拔试验选用矿方 ϕ20×2 200 高强螺纹钢锚杆，锚固剂型号为 Z2360 中速锚固剂，钻头直径为 27 mm。共测试锚杆 13 根，锚固长度为 200～1 400 mm，间隔 100 mm。其中在 2105 进风平巷测试 7 根，锚固长度依次为 200 mm、400 mm、600 mm、800 mm、1 000 mm、1 200 mm 和 1 400 mm；在 3103 辅助运输平巷测试 6 根，锚固长度依次为 300 mm、500 mm、700 mm、900 mm、1 100 mm 和 1 300 mm。

锚杆拉拔过程中，按拉力计压力表每 2 MPa 记录施加载荷数值以及油缸的外露长度，张拉过程中除记录数据及稳压过程外基本为连续张拉，实测张拉最大载荷为 42 MPa。本试验为破坏性试验，出现以下状态可终止本组试验：① 锚杆与锚固剂界面（即第 1 界面）脱黏；② 锚固剂与孔壁（即第 2 界面）脱黏；③ 锚杆破断；④ 锚杆张拉仪表盘达到最大刻度。通过对锚杆伸长量与拉拔力关系的分析，可以为锚杆临界锚固长度的确定提供可靠的依据。

2105 进风平巷顶板锚杆拉拔试验地点在里程 100～110 m 范围内较为平整的顶板，巷道为矩形断面，实测宽×高＝4 242 mm×2 333 mm。共获得有效数据 7 组，拉拔施加载荷与锚杆伸长量的关系如图 2.4.4 所示。

分析图中数据，可以得出以下结论：

(1) 锚杆材质相同的情况下，锚杆极限抗拉拔力随着锚固长度的增长而增大。锚固长度为 1 200 mm 时，锚杆最终拉拔载荷为 42 MPa，约 147 kN；锚固长度为 200 mm 时，锚杆最终拉拔载荷仅为 34 MPa，约 119 kN，相差较大。

锚固长度分别为 400 mm、600 mm、800 mm 和 1 000 mm 的锚杆最终拉拔载荷在 34～42 MPa 之间。1 400 mm 锚固长度下的最终载荷只有 34 MPa，极为反常，原因是安装锚杆时搅拌不充分，树脂锚固剂装药量大，部分锚固剂提前凝固影响了整体的锚固效果。

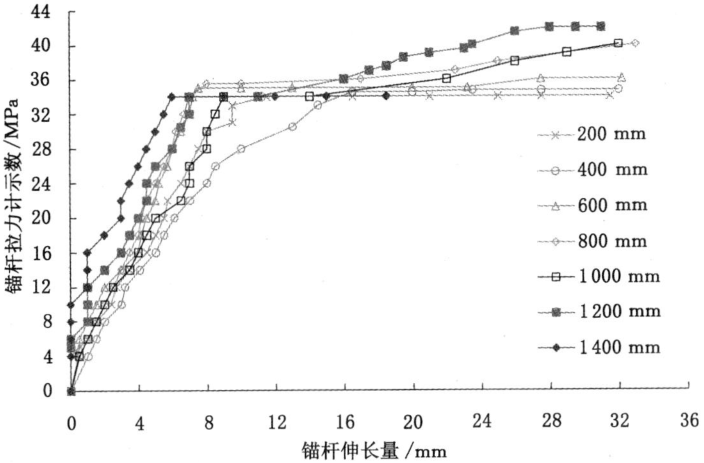

图 2.4.4　2105 进风平巷顶板锚杆拉拔载荷与锚杆伸长量的关系

(2) 在锚杆伸长量为 0～12 mm 的区间内，为锚杆抗拉拔力增加阶段。从图中可以看出，当锚杆伸长量相同时，锚固长度越长的锚杆施加的载荷越大，其抗拉拔力越大。部分锚杆规律异常，原因是拉拔试验开始前需要将顶板表面压实，减小托盘与顶板之间的空隙，因此在试验前需先施加 5～10 MPa 的载荷使顶板表面压实，导致部分锚杆伸长量的绝对数值偏大，产生一定的误差。

(3) 根据《煤巷锚杆支护理论与成套技术》，ϕ20 mm 的 HRB400 的高强螺纹钢锚杆的屈服载荷为 125.7 kN，拉断载荷为 179.1 kN。锚固长度为 600 mm 及以下的锚杆最终拉拔载荷为 32～34 MPa，约 112～119 kN，小于屈服载荷；锚固长度为 600 mm 以上的锚杆最终拉拔载荷为 40～42 MPa，约 140～147 kN，大于屈服载荷，小于拉断载荷。

由此可知，当锚固长度为 600 mm 及以下时，锚杆锚固力随变形的演变仅在第 1 阶段，且锚固体并未达到第 1 临界变形，即黏锚力以及轴力没有达到最大值，原因是锚固长度过短，在锚固力达到最大值之前，发生第 2 界面失效，即锚固剂与岩层的接触面失效。当锚固长度为 600 mm 以上时，由于其承受的拉拔力超过了锚杆的屈服载荷，且拉拔载荷最终没有下降，因此锚杆锚固力随变形的演变处于第 2 阶段，达到了第 1 临界变形，未达到第 2 临界变形，即黏锚力以及轴力达到最大值。

(4) 锚固长度为 1 400 mm 的锚杆，在拉拔载荷上升阶段，与其他锚固长度的锚杆相比，达到相同的锚杆伸长量，其所需的拉拔载荷最大，承载性能较好。但是其最终载荷仅为 34 MPa，约 119 kN，锚固效果差。原因是锚固长度过长，施工困难，导致第 1 界面即锚杆与锚固剂的接触面黏结效果差，产生的黏锚力较小，而第 2 界面的黏结情况较好，就出现了上述现象。

根据以上分析，锚固长度 1 200 mm 较合理，即选用两卷 Z2360 中速锚固剂。

2.4.4 帮部锚杆拉拔试验分析

帮部锚杆拉拔试验选用矿方 ϕ18×2 000 高强螺纹钢锚杆，锚固剂型号为 Z2360 中速锚固剂，钻头直径为 27 mm。共测试锚杆 13 根，锚固长度为 200～1 400 mm，间隔 100 mm。其中在 2105 进风平巷测试 7 根，锚固长度依次为 200 mm、400 mm、600 mm、800 mm、1 000 mm、1 200 mm和 1 400 mm；在 3103 辅助运输平巷测试 6 根，锚固长度依次为 300 mm、500 mm、700 mm、900 mm、1 100 mm 和 1 300 mm。

锚杆拉拔过程中，按拉力计压力表每 2 MPa 记录施加载荷数值以及油缸的外露长度，张拉过程中除记录数据及稳压过程外基本为连续张拉，实测张拉最大载荷为 42 MPa。本试验为破坏性试验，出现以下状态可终止本组试验：① 锚杆与锚固剂界面（即第 1 界面）脱黏；② 锚固剂与孔壁（即第 2 界面）脱黏；③ 锚杆破断；④ 锚杆张拉仪表盘达到最大刻度。通过对锚杆伸长量与拉拔力关系的分析,可以为锚杆临界锚固长度的确定提供可靠的依据。

3103 辅助运输平巷为半煤岩巷,沿 3 号煤层底板掘进,若煤层高度不够,则沿煤层底板挑顶掘进。帮部锚杆拉拔试验地点在里程 260～270 m 范围内较为平整的煤帮,巷道为矩形断面,宽×高＝4 200 mm×2 500 mm。共获得有效数据 6 组,拉拔施加载荷与锚杆伸长量的关系如图 2.4.5 所示。

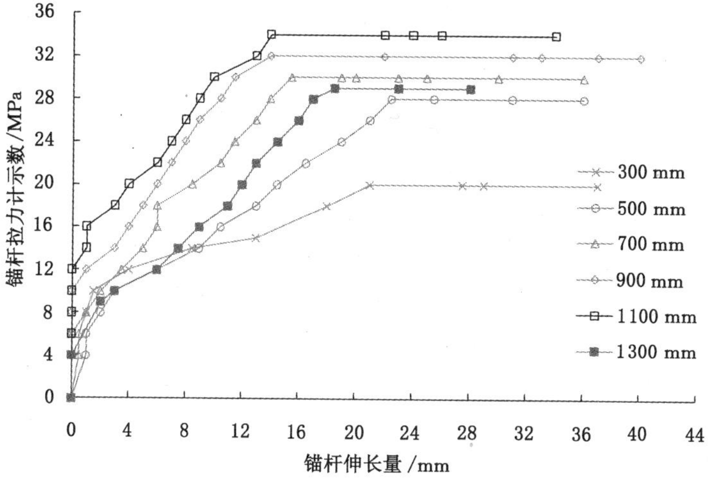

图 2.4.5　3103 辅助运输平巷帮部锚杆拉拔载荷与锚杆伸长量的关系

分析图中数据,可以得出以下结论:

(1) 锚杆材质相同的情况下,锚杆极限抗拉拔力随着锚固长度的增长而增大。锚固长度为 1 100 mm 时,锚杆最终拉拔载荷为 34 MPa,约 119 kN;锚固长度为 300 mm 时,锚杆最终拉拔载荷仅为 20 MPa,约 70 kN,相差悬殊。

锚固长度分别为 500 mm、700 mm 和 900 mm 的锚杆最终拉拔载荷在 20～34 MPa 之间。1 300 mm 锚固长度下的最终载荷只有 28 MPa,安装失败,原因是树脂锚固剂装药量大,搅拌不充分。

(2) 在锚杆伸长量为 0～20 mm 的区间内，为锚杆抗拉拔力增加阶段。图中明显看出，当锚杆伸长量相同时，锚固长度越长的锚杆施加的载荷越大，其抗拉拔力越大，承载性能越好。

(3) ϕ18 mm 的 HRB400 的高强螺纹钢锚杆的屈服载荷为 101.8 kN，拉断载荷为 145.0 kN。锚固长度为 700 mm 及以下的锚杆最终拉拔载荷为 20～28 MPa，约 70～98 kN，小于屈服载荷；锚固长度为 700 mm 以上的锚杆最终拉拔载荷为 32～34 MPa，约 112～119 kN，大于屈服载荷，小于拉断载荷。

由此可知，当锚固长度为 700 mm 及以下时，由于锚固长度不足，在锚固力达到最大值之前便发生第 2 界面失效，因此锚杆锚固力随变形的演变仅在第 1 阶段，锚固体未达到第 1 临界变形。当锚固长度为 700 mm 以上时，锚杆锚固力随变形的演变处于第 2 阶段，达到了第 1 临界变形，未达到第 2 临界变形。原因是其承受的拉拔力超过了锚杆的屈服载荷，但拉拔载荷最终没有下降，稳定在一定的数值范围内。

(4) 锚固长度为 1 300 mm 的锚杆，因装药量大，人力难以将锚杆推入充分搅拌，最终拉拔载荷仅为 28 MPa，其拉拔载荷与锚杆伸长量的关系曲线介于锚固长度为 500 mm 和 700 mm 的锚杆之间，安装失败。

根据以上分析，锚固长度 1 100 mm 较为合理，即选用两卷 Z2360 中速锚固剂。

2.5 井下锚索原位张拉试验分析

2.5.1 预应力锚索破坏特性及载荷分布机理

单根锚索与锚固剂界面的破坏机理为：在轴向力作用下，由于锚索本身的几何形状因素，锚固体受环向拉应力与径向压应力共同作用下，沿径向开裂。锚索与锚固剂界面的黏结强度减弱，锚索发生扭转滑移，但由于锚索与锚固剂界面的径向压应力的存在以及锚固体外的岩体约束作用产生界面摩擦力，使张拉载荷继续提高，最后锚固体在径向压应力、环向拉应力和轴向剪应力的共同作用下，沿垂直于主拉应力方向裂缝延伸扩展，锚索被拔出。

2.5.1.1 轴向力作用下锚固体破坏机理分析

从工程实际中观察和总结出的锚索锚固破坏有以下几种情况：

(1) 锚索与锚固材料一同被拔出。

(2) 锚索孔周围围岩强度不足，围岩破坏。

(3) 锚索本身被拉断。

(4) 锚索与锚固剂的黏结面开裂。

(5) 在一定深度上产生垂直于锚索轴线的拉断裂缝。

(6) 被锚索分割的锚固材料块体之间的分离破坏。

在上面几种破坏形式中，第 4 种破坏形式在工程实际中较多，试验和现场观测都表明：锚索与锚固剂发生开裂滑移时，黏结界面的剪切裂缝扩展至锚固体，使锚固体发生开裂。通常这种开裂会导致锚固力显著下降，甚至锚索被拔出，整个锚固体破坏。针对这种破坏情况，在实验研究的基础上，A. J. Hyett 等提出了一个包括 4 个阶段的破坏模型。

第 1 阶段：张拉试验的位移和载荷关系基本呈线性关系，这种关系是锚索钢绞线纵向刚度、锚固剂的弹性性质以及锚固剂和锚索黏结面性质的体现。

第 2 阶段：锚索与锚固剂的黏结面开始出现破裂，随之而至的是与锚索黏结的锚固剂出现局部损坏，锚索发生带扭转的滑移。

第 3 阶段：锚索与锚固剂黏结面的破裂加剧，锚索的滑移导致锚固体的破裂，引起扩容，但由于锚固体外围围压的作用，扩容受到限制，这就增加了作用在锚索上的摩擦阻力，使拉拔载荷能得以继续提高。

第4阶段:锚索的滑移使破裂的锚固体处于一种几何上最不匹配的状态,即锚固体破裂块体之间及其与钢绞线之间处于一种夹持力最大的状态,这时可得到最大的拉拔载荷。

2.5.1.2 锚索张拉过程中的轴力分布形态

岩层锚固所依附的岩土体是经过变形和破坏的地质体的一部分,是最复杂最难理解的一种材料。锚索张拉时,黏结力并不完全、同时地发挥作用,而是从靠近空口的锚固起始端到锚固末端逐渐发挥作用。载荷增大,影响区域向锚固体末端扩展,轴力增加,分布形态由下凹状演变成直线,再到上凸形状,最后锚索与锚固剂之间的黏结几被破坏,几乎只有摩擦力在起作用,会出现载荷稍微下降,在整体上已处于滑动临界状态。由于破碎锚固体的侧胀作用,锚索的轴力并不会完全消失。因此,锚索载荷的传递和破坏是渐进式的。前面破坏发生,承载力并不会消失,在一定加载条件下,反而会达到极限破坏的更高峰值。究其原因,此时的破坏所承受的不仅仅是锚索与锚固剂、锚固剂与围岩之间黏结力和摩擦力的作用,破坏段锚固体的侧向膨胀导致的挤压会进一步提供锚索的承载力。锚索的锚固段除了提供锚固所需的承载力之外,更重要的机理则是对调动岩体以及锚固体系的峰后承载能力起着关键的作用。

2.5.2 试验设备及锚索布置

锚索张拉试验,主要是通过锚索张拉机具和锚索测力计完成的。锚索张拉机具由张拉千斤顶、油泵、压力表和外接油管等组成,按动力方式,分为气动、液压、电动、脚踏、液压增压等型式;按千斤顶型式,分为单缸和双缸型。其工作原理为油泵提供高压液压油,通过外接油管输送至千斤顶,从而将千斤顶的张拉和夹片的咬合作用施加于锚索,通过安装在油泵上的压力表显示施加的预应力。

本次试验使用的锚索张拉机具型号为 MS18-200/63，液压单缸型，如图 2.5.1 所示。额定张拉力 200 kN(油压 53 MPa)，额定油压 63 MPa，液压张拉千斤顶承压面积 37.68 cm^2，行程 150 mm。

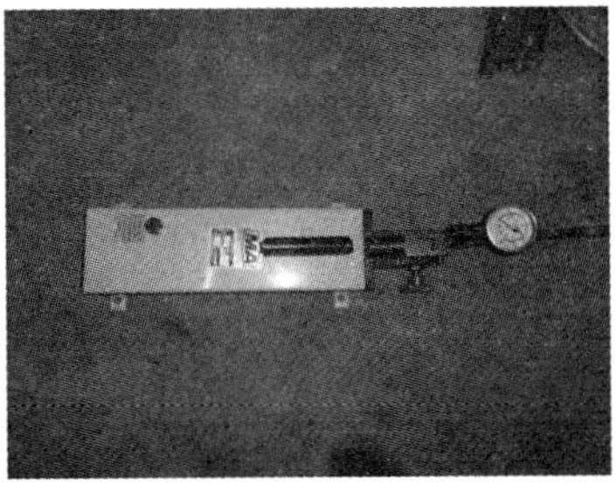
(a)

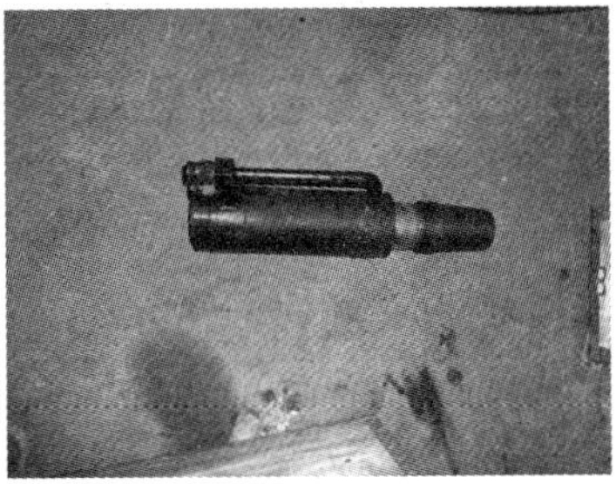
(b)

图 2.5.1 锚索张拉机具

(a) 张拉油泵；(b) 张拉千斤顶

试验地点为 2105 进风平巷和 3103 辅助运输平巷，每条平巷各做 3 组试验，每组 5 根锚索，直径为 17.8 mm，长度分别为 2 100 mm、3 100 mm、4 100 mm、5 100 mm 和 6 100 mm，每根锚索配两支 Z2360 中速锚固剂。张拉锚索共计 30 根。

锚索张拉仪器的安装顺序从上往下依次为：锚索托盘、锚索测力计、平钢板、张拉千斤顶。其中，平钢板的作用是使锚索测力计均匀受力，增加锚固力测试的准确度，同时也保护锚索测力计，防护其被张拉千斤顶直接压坏。

由于锚索张拉装置整体质量较大，人力难以将其与顶板贴紧，因此张拉开始前首先施加 5～10 MPa 的载荷，使千斤顶空走 40～70 mm 的油缸行程，将张拉装置贴紧顶板，然后卸压，以此减小误差，提高试验的可靠性。张拉时自 0 MPa 起，按张拉仪油泵上的压力表每 5 MPa 的梯度递增，每次稳压 2 min 以上，记录油泵压力表和锚索测力计上的压力值，并量测记录锚索外露长度。张拉过程中除记录数据及稳压过程外基本为连续张拉。通过对试验数据的分析可以得出张拉仪施加载荷与实际锚固力的关系以及锚固力与锚索伸长量的关系。

2.5.3 某矿 2105 进风平巷锚索张拉试验

2105 进风平巷锚索张拉试验地点在巷道里程 450～460 m 之间完整性和坚硬程度情况较好的顶板。巷道为矩形断面，实测宽×高＝4 392 mm×2 585 mm。共张拉锚索 15 根，3 组，每组长度分别为 2 100 mm、3 100 mm、4 100 mm、5 100 mm 和 6 100 mm。

实测结束后共取得 15 组有效数据，由于相同长度的锚索都测试 3 根，因此取每个长度所测数据的平均值作分析，最终得到 5 组数据。锚固力与锚索伸长量的关系如图 2.5.2 所示，张拉施加载荷与锚固力的关系如图 2.5.3 所示。

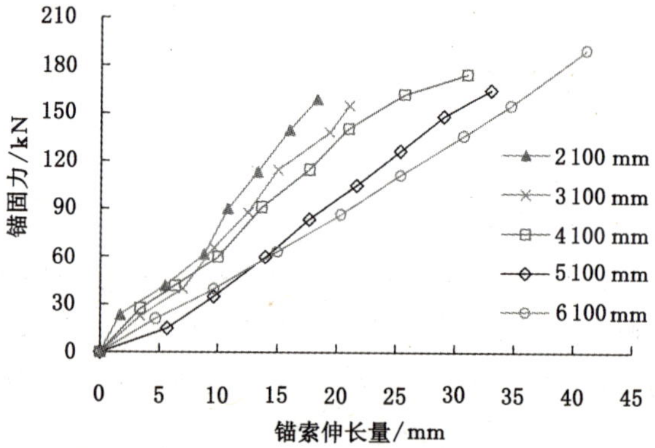

图 2.5.2　2105 进风平巷顶板锚索锚固力与伸长量的关系

分析图中数据，可以得出以下结论：

(1) 从图 2.5.2 中可以看出，对于长度为 4 100 mm、5 100 mm 和 6 100 mm 的锚索，在锚索材质相同的情况下，达到相同的伸长

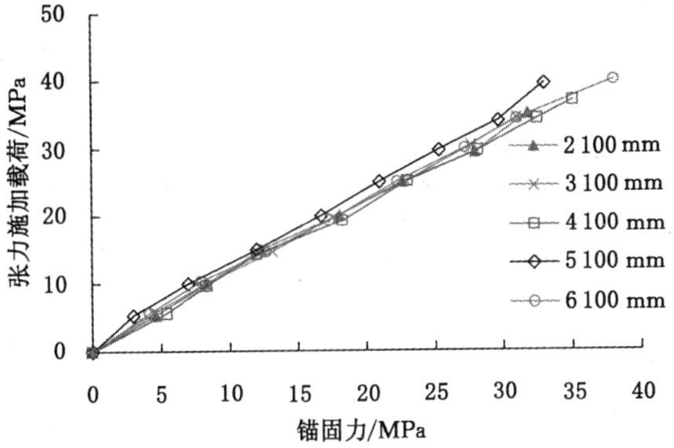

图 2.5.3 2105 进风平巷顶板锚索张拉载荷与锚固力的关系

量，长 6 100 mm 的锚索所需的锚固力最小，4 100 mm 的锚索所需的锚固力最大，即承受相同的锚固力，6 100 mm 的锚索伸长量最大，4 100 mm 锚索的伸长量最小。这说明在顶板深度 3～6 m 的范围内，4 m 深的岩层附近锚索锚固条件好，能够使锚索较大程度地发挥其锚固效果和承载性能，保证支护强度。

而对于长度为 2 100 mm 和 3 100 mm 的锚索，在张拉过程中，张拉机具出现问题，当张拉载荷达到 40 MPa 时经常发生张拉千斤顶脱锚的情况，导致张拉油泵随即卸压，锚索回缩，大大增加了测量误差，因此与其他长度的锚索数据无法完全对比。但是，从图中来看，2 100 mm 和 3 100 mm 的锚索承载性能也较好，说明顶板 2～3 m 深的岩层锚固性较好，使用长度相近的锚杆可以达到很好的支护效果。

(2) ϕ17.8 mm 锚索破断力为 353 kN，试验要求张拉力至少达到 220～250 kN。本次试验张拉载荷最大值只有少数几根锚索达到 40 MPa，锚固力 180～200 kN，大部分锚索张拉时载荷最终值为 30～35 MPa，锚固力仅为 150～165 kN。原因是矿方购置的锚索张拉机具质量不合格，实际施加载荷与额定载荷相差太大，对影响试验造成了较大的影响。试验过程如下：张拉第一组锚索5根，千斤顶脱锚共4次，震坏4块锚索测力计，其中2块表盘被震碎，部分数据失效。经分析，发现是张拉千斤顶出现问题，锚固力达到180～200 kN时便脱锚。随后测试矿方施工用锚索张拉机具，锚固力仅达到130 kN时，张拉千斤顶脱落。最终只能调整试验方案，锚固力达到150 kN即试验结束。

(3) 锚索张拉载荷与实测锚固力之间总存在一定的损失量，原因是油压千斤顶的活塞在高压油的作用下带动锚索伸长，通过张拉油泵的油表读数得到油压大小。由于活塞和千斤顶钢套、千斤顶和锚索存在摩擦力，因此通过张拉油泵的油表换算的锚索张拉力必然要大于锚索实际的张拉力。

从图2.5.3中可以看出，随着张拉载荷的逐渐增大，实测锚固力呈线性增加，但是张拉载荷与实测锚固力的关系明显和锚索长度无关。各个长度的锚索共15根，得出张拉载荷与锚固力的曲线都非常相近，仅存在一些较小的波动。根据所测数据得出，在某矿2105进风平巷，张拉载荷与锚固力总是相差2～5 MPa，即张拉载荷从张拉机具传递到锚索的过程中损失2～5 MPa，预应力损失平均为7%。

《某矿2号、3号煤层巷道锚固支护参数优化设计》中要求，锚索的初始张拉力不小于80～120 kN，若使用矿方160 kN量程的张拉机具，理论上不小于23～34 MPa，考虑到张拉机具的预应力损失，实际张拉载荷范围为26～38 MPa。

综上所述，2105进风平巷顶板深度为4～5 m范围内为稳定的可锚岩层，最大张拉力达到150 kN以上时，4 100 mm锚索无拉断及锚索松弛现象。考虑经济效益，并结合实际施工的效果，应将现有锚索长度6 300 mm优化为4 250 mm。

2.6 本章小结

2.6.1 岩石的锚固环境测试

(1) 通过煤层回采巷道顶板钻孔钻速的实测结果,并结合锚固环境和锚固原理,两层煤回采巷道的顶板锚杆长度选择较合理,并具备一定的优化空间。此外,2 号煤层顶板 3～6 m 区域的岩层钻进用时亦较长,3 号煤层巷道顶板钻进与 2 号煤层相似,在保证锚固长度和拉拔实验较理想的情况来看,顶板锚索具备使用 4 m 长度的优化空间。

(2) 3 处地点 4 个孔均呈现出了浅部围岩相对破碎,深部岩石相对完整的规律和特点。由于受取芯样品直径的影响,$1^{\#}$ 孔和 $2^{\#}$ 孔直径 50 mm 岩芯的 RQD 指标仅为 29.21%和 28.66%,类别仅为Ⅳ类;3 号地点取芯套筒直径为 70 mm,顶板和底板全长范围内的 RQD 指标分别为 78.12%和 61.40%,类别达到Ⅱ类,远好于前两处地点。

2.6.2 岩石的物理力学性能测试

(1) 岩石物理力学性能测试:结合现场取芯结果,对 24 组(其中泥岩、砂岩各一半,每种实验各 8 个试件)岩石的 RQD、抗拉、抗压和抗剪等物理力学性能进行测试分析,得出 2 号、3 号煤层顶底板的普氏系数、脆性指标等。

(2) 根据单轴抗压实验,得出泥岩试件的最大、最小和平均抗压强度分别为 70.38 MPa、40.18 MPa 和 53.73 MPa,砂岩试件的最大、最小和平均抗压强度分别为 80.24 MPa、72.84 MPa 和 76.12 MPa;岩石的普氏系数 f 在 4～8 之间,属于中硬岩和硬岩;岩石稳定系数 K 在 0.13～0.25 之间,基本属于稳定类别。

(3) 根据单轴抗拉实验,得出泥岩试件的抗拉强度明显小于砂岩试件,其中泥岩试件的最大、最小和平均抗拉强度值分别为2.37 MPa、1.58 MPa 和2.00 MPa;砂岩试件的最大、最小和平均抗拉强度值分别为 4.66 MPa、2.99 MPa 和3.91 MPa。

(4) 根据单轴抗拉实验,泥岩试件的最大应变值分别为0.014、0.012、0.020和 0.013,平均最大应变为 0.015;砂岩试件的最大应变值分别为 0.022、0.025、0.023 和 0.015,平均最大应变为0.021,是泥岩试件的 1.4 倍。

(5) 按照岩石的抗压强度与抗拉强度之比计算的泥岩和砂岩脆性系数分别为 26.87 和 19.47;根据 V.Hucka 和 B.Das 提出的岩石脆性系数计算公式计算得到的泥岩和砂岩脆性系数分别为0.93和 0.90(按照岩石的抗压强度和抗拉强度)以及 0.33 和 0.38(按照内摩擦角)。总体上岩石的脆性系数一般。

(6) 实测泥岩和砂岩的黏聚力分别为 10.74 MPa 和 20.56 MPa;内摩擦角分别为 19.75°和 22.44°。

2.6.3 岩石衍射、组分及电镜扫描测试

(1) 通过岩石 X 射线衍射分析,6 种岩石样品衍射图谱主要衍射峰位置基本相似,物质成分相同,经过图谱对照,图谱中明显的衍射峰均为石英矿物成岩。岩石应以泥质砂岩和砂岩为主。2# 、5# 和 6# 样品检出了硅酸盐矿物成分,与 2 号煤层的直接顶、3 号煤层的直接底岩层基本吻合。此外,在 4# 和 6# 样品中检出了高岭石矿的成分,与 3 号煤层的直接顶、基本底岩性基本吻合,尤其是 3 号煤层直接顶中还含有云母石,遇水或长时易风化崩解,与 3109、3103 工作面掘进的煤巷顶板破坏规律相一致。

(2) 某矿 2 号、3 号煤系地层的岩石性质分别为:砂岩(1# 样品——2 号煤层基本顶);泥质砂岩(2# 样品——2 号煤层直接顶);砂岩(3# 样品——3 号煤层基本顶);泥质砂岩(4# 样品——3 号煤层直接顶);铁质泥岩(5# 样品——3 号煤层直接底);泥质

砂岩(6# 样品——3 号煤层基本底)。

2.6.4 锚杆原位拉拔与临界锚固长度的确定

(1) 2 号煤层巷道顶板锚固长度为 1 400 mm 的锚杆,在拉拔载荷上升阶段,与其他锚固长度的锚杆相比,达到相同的锚杆伸长量,其所需的拉拔载荷最大,承载性能较好。但是其最终载荷仅为 34 MPa,约 119 kN,锚固效果差。原因是锚固长度过长,施工困难,导致第 1 界面即锚杆与锚固剂的接触面黏结效果差,产生的黏锚力较小,而第 2 界面的黏结情况较好,临界锚固长度 1 200 mm 较合理,即选用两卷 Z2360 中速锚固剂。

(2) 3 号煤层帮部锚固长度为 1 300 mm 的锚杆,因装药量大,人力难以将锚杆推入充分搅拌,最终拉拔载荷仅为 28 MPa,其拉拔载荷与锚杆伸长量的关系曲线介于锚固长度为 500 和 700 mm 的锚杆之间,安装失败。锚固长度 1 100 mm 较为合理,即选用两卷 Z2360 中速锚固剂。

2.6.5 锚索原位拉拔测试

(1) 2105 进风平巷顶板深度为 4～5 m 范围内为稳定的可锚岩层,最大张拉力达到 150 kN 以上时,4 100 mm 锚索无拉断及锚索松弛现象。考虑经济效益,并结合实际施工的效果,应将现有锚索长度 6 300 mm 优化为 4 250 mm。

(2)《某矿 2 号、3 号煤层巷道锚固支护参数优化设计》中要求,锚索的初始张拉力不小于 80～120 kN,若使用矿方 160 kN 量程的张拉机具,理论上不小于 23～34 MPa,考虑到张拉机具的预应力损失,实际张拉载荷范围为 26～37 MPa。

3 近距离煤层无墙体沿空留巷围岩控制理论基础

3.1 近距离沿空留巷力学环境及基本顶破断特征

3.1.1 近距离下伏煤层开采工作面矿压显现规律

本节结合老母坡矿区实际条件，数值模拟煤层赋存条件以老母坡煤矿 3109 工作面为例，上下煤层采高均取 1.8 m，通过 UDEC 数值模拟方法，分析上覆煤层采后其下伏煤层采场顶板的垮落特征及工作面的围岩应力分布规律。

计算采用摩尔-库仑准则，模型中各煤层、岩层力学参数参考实验室岩石测试参数，最终选定的参数值见表 3.1.1。

表 3.1.1 老母坡煤矿煤岩层力学参数

煤岩体名称	体积模量/MPa	剪切模量/MPa	黏聚力/MPa	内摩擦角/(°)	密度/(kg/m^3)
粉砂岩	5 920	5 730	1.8	31	2 600
泥　岩	6 000	2 100	1.5	24	2 500
中砂岩	6 500	2 000	2.8	30	2 700
粗砂岩	5 500	1 900	2.5	29	2 650
煤	5 500	2 050	0.8	22	1 350
砂质泥岩	6 500	2 200	2.4	28	2 600
石灰岩	8 400	2 700	3.4	34	2 760

3.1.1.1 近距离下伏煤层覆岩破坏运移特征分析

第一步:对上覆煤层进行开采,依次将上覆2煤全部采出。

第二步:待上覆煤层采完,再对下伏煤层进行开采,分步开挖,开挖步距长度为5 m,依次将下伏煤层全部采出。

3.1.1.1.1 上覆岩层破坏规律

UDEC离散元假设岩体是由节理分割成的规则的块体组成的,当上覆围岩受力大于岩体自身的屈服极限时,岩体便会沿着节理发生破坏,从而产生裂隙。如图3.1.1(a)和(b)所示为上覆2煤

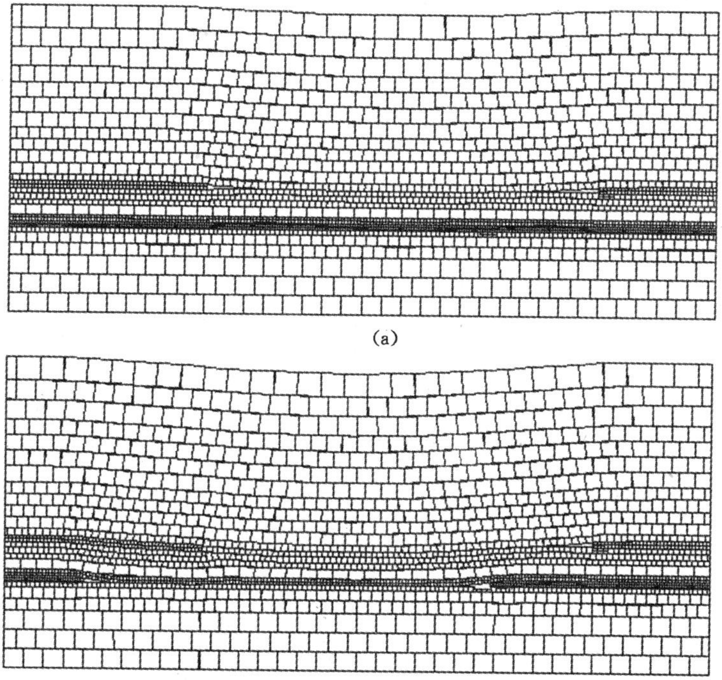

(a)

(b)

图3.1.1 上覆岩层破坏分布

(a) 上覆2煤回采;(b) 下伏3煤回采

与下伏3煤回采后上覆岩层裂隙发育情况。3煤采后对上覆岩层造成二次扰动，但3煤基本顶上覆承载层并未垮落，采空区亦未失稳，上覆垮落带和裂隙带范围相较2煤采完后增大，但增大范围有限。这是由于上覆岩层受到2煤采动影响，扰动程度增大，上覆岩体裂隙已充分发育，这些裂隙将上覆岩层分割成单独的结构，同时一些未完全闭合的裂隙削弱了上覆岩层间力的传递作用，这类岩体形成的“铰拱”起到支撑上覆岩层的作用，阻止岩石破坏垮落，从而使结构暂时保持稳定。

由UDEC数值模拟可知，对比上覆2煤与下伏3煤的裂缝发育情况，下伏3煤回采对垮落带影响不大，产生的裂隙带和垮落带高度值略大于单一煤层，但比上下两层煤简单叠加要小很多。上覆岩层变形、破坏及运移规律与单一煤层开采形成的覆岩宏观运移形态和特征相似。

3.1.1.1.2　上覆岩层运移规律

图3.1.2中是上覆2煤开采完成后顶板上方2 m处岩层的最终下沉曲线和下伏3煤回采后顶板同一位置的叠加最终下沉曲线。从曲线的形态可知，上覆2煤回采结束后顶板岩层形成的下沉曲线与下伏3煤回采后叠加形成的下沉曲线在整体形态上是相似的，都是在采空区中部的下沉最大，下沉曲线中间低两边高，呈现沉降盆地特征。从下沉数值上来看，上覆2煤回采后，围岩最大下沉量达到1.93 m，下伏3煤回采后的最大叠加下沉值为3.68 m。这也说明下伏煤层回采过程会对上覆煤层上覆围岩的垮落和裂隙带产生一定的影响。但是从下沉区域范围的变化上来看，影响不大，下伏煤层回采造成的叠加影响主要集中在采空区上方，向两侧煤层外侧几无影响。

图3.1.3为不同回采距离时3煤上覆基本顶下沉曲线。由图可知，回采20 m时，基本顶未发生断裂，下沉值较小。回采至40 m时，基本顶最大下沉值由0.53 m突增至1.43 m。由图

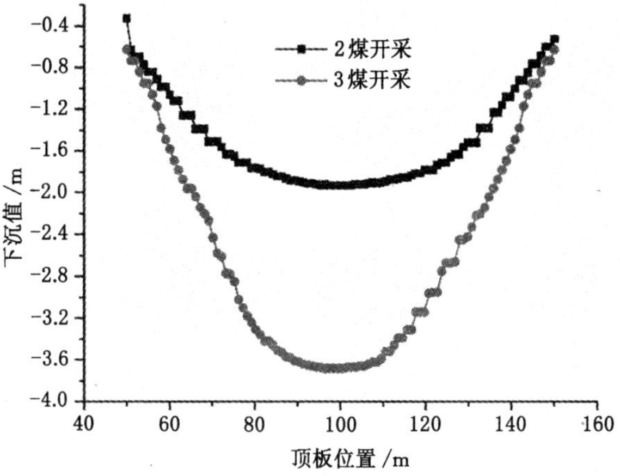

图 3.1.2 2 煤上方 2 m 处顶板最终下沉曲线

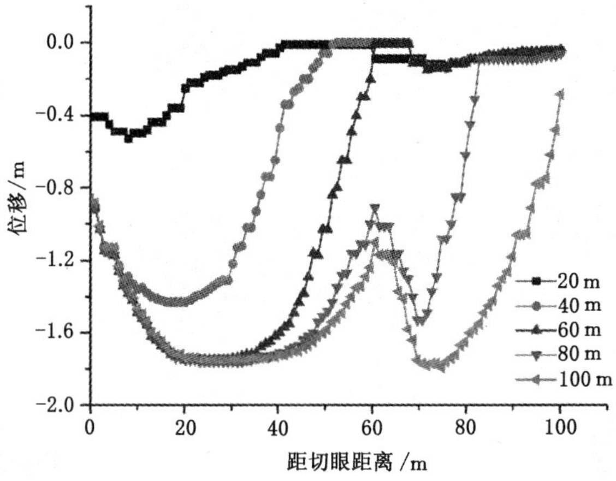

图 3.1.3 3 煤上覆基本顶下沉曲线

3.1.4可知，回采 40 m 后基本顶第一次破断，即发生第一次来压。回采 40～60 m 基本顶断裂后下沉触底，此时的下沉量为基本顶的最大下沉量，为 1.79 m。随着工作面继续回采，最大下沉值并不增加，可知，上覆岩层垮落高度并未继续向上发展，大致分析原因为两煤层间的岩层以整体弯曲变形为主，层间岩层并未发生大规模的垮冒甚至冒通情况。此外，相较上覆 2 煤开采后顶板下沉曲线，最大下沉量减少为 1.79 m，这对于下伏煤层采空下沿空留巷显然是较为有利的。这与老母坡 2 煤、3 煤层间局部软硬岩层互层有一定关系。

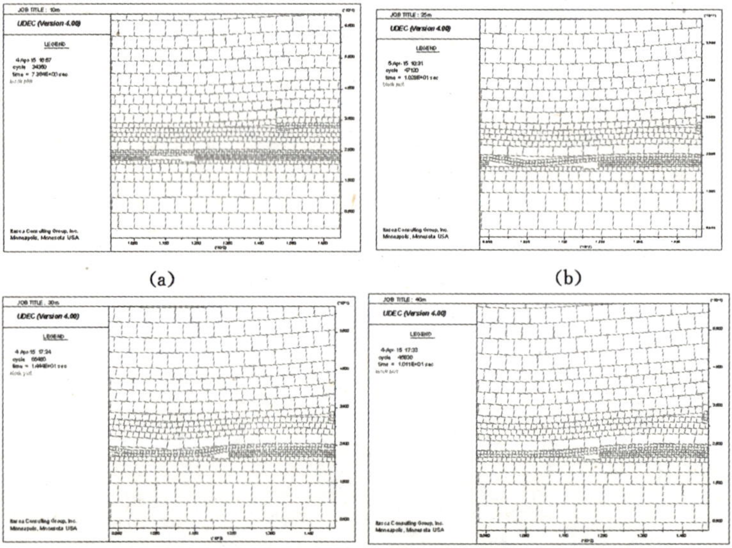

(a) (b) (c) (d)

图 3.1.4　采空区侧向顶板破断特征

(a) 上覆煤层回采 150 m；(b) 下伏煤层回采 25 m；(c) 下伏煤层回采 35 m；(d) 下伏煤层回采 40 m

3.1.1.2　下伏采空区侧向基本顶破断特征

直接顶岩层为 1.47 m 泥岩，开采 10 m 时出现横向裂隙，随后直接顶与基本顶之间的离层逐步扩张，开采 25 m 后直接顶完全垮落，如图 3.1.4(b)所示，并在之后随采随冒，直接顶完全垮落，与侧向顶板不再接触。工作面推进距开切眼 35 m 时，开始大范围来压，即基本顶初次来压，断裂顶板形成“三铰拱结构”，如图 3.1.4(c)所示。与直接顶的垮落状态不同，基本顶的垮落是一个断裂、旋转、再平衡的过程，因而采空区边界基本顶断裂后仍与采空区侧向顶板接触，实体煤帮成为旋转块体的着力点。工作面推进至 40 m 后，基本顶沿实体煤侧断裂，巷道顶板整体滑移，如图 3.1.4(d)所示。可见，如果巷旁无支护，基本顶会以实体煤为着力点，并在此处断裂，造成巷道断面急剧收缩，巷道报废。

3.1.1.3　实体煤侧向支承压力分布规律分析

上覆煤层和下伏煤层在上覆煤层采出后的围岩应力分布计算结果见表 3.1.2 和图 3.1.5。

表 3.1.2　　2 煤、3 煤支承压力分布对比

煤层	侧向支承压力影响范围/m	峰值位置/m	峰值/MPa	应力集中系数
上覆煤层	17.6	5.8	16.4	3.4
下伏煤层	15.4	5.2	14.21	2.99

从表 3.1.2 和图 3.1.5 中可以看出：

(1) 上覆煤层开采形成侧向支承压力，支承压力影响范围为 17.6 m，峰值位置距实体煤距离为 5.8 m，最大应力集中系数为 3.4。

(2) 同上覆煤层开采相比，下伏煤层开采时形成的侧向支承压力影响范围和影响程度皆有所降低。超前支承压力范围降低 12.5%，应力集中系数降低 12.1%。

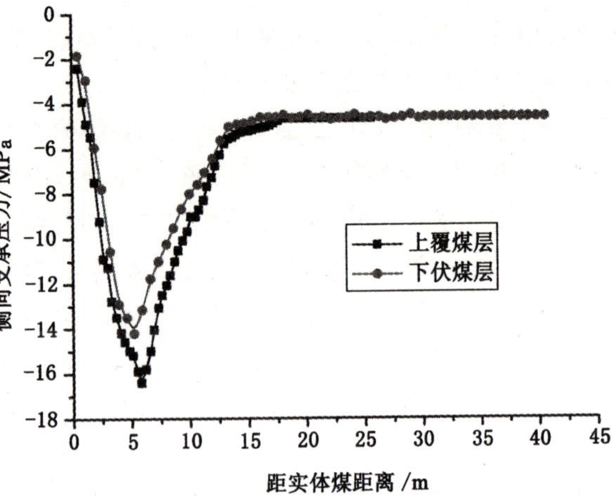

图 3.1.5 上覆及下伏煤层实体煤侧向支承压力分布曲线

3.1.2 上覆煤层采后底板损伤分析

本节以老母坡煤矿 2101 工作面开采条件为基础，分别采用弹塑性理论和现场实测对上覆煤层采后的底板损伤状态进行分析，探索老母坡煤矿地质条件下上覆煤层采后底板破坏深度及屈服比。

3.1.2.1 底板损伤弹塑性理论计算

长壁工作面顶板垮落所形成的采空区稳定后可看作松散岩体，沿工作面走向做一剖面，其形状近似为矩形。2101 工作面回采高度为 1.2 m，远小于 150 m 的工作面长度，可将采场抽象成图 3.1.6 所示的力学模型。工作面长度为 L，由于围岩内应力分布的对称性，计算时，取工作面长度一半即可，设工作面长度 $L=2a$，所受垂直应力为 γH，侧压系数为 λ，水平应力为 $\lambda\gamma H$。以工作面中点为原点建立如图 3.1.6 所示的坐标系，由弹性理论内容得工作面围岩的应力分布为：

$$\sigma_x = \gamma H\sqrt{\frac{L}{2r}}\cos\frac{\theta}{2}\left[1-\sin\frac{\theta}{2}\sin\frac{3\theta}{2}\right]-(1-\lambda)\gamma H$$

$$\sigma_y = \gamma H\sqrt{\frac{L}{2r}}\cos\frac{\theta}{2}\left[1+\sin\frac{\theta}{2}\sin\frac{3\theta}{2}\right] \tag{3.1.1}$$

$$\tau_{xy} = \gamma H\sqrt{\frac{L}{2r}}\cos\frac{\theta}{2}\sin\frac{\theta}{2}\sin\frac{3\theta}{2}$$

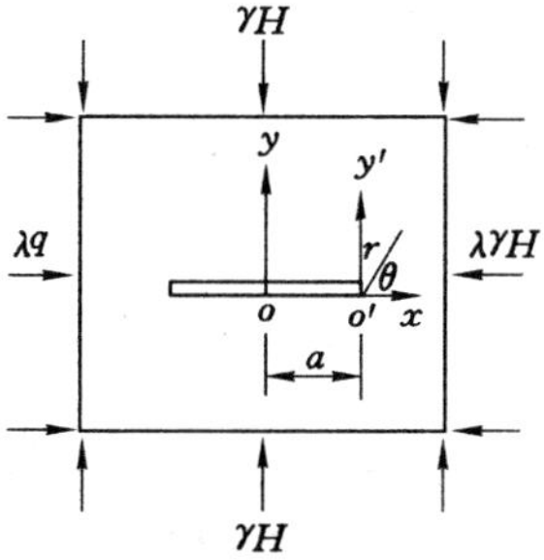

图 3.1.6　采场围岩应力计算模型

式(3.1.1)中，r，θ 一定的条件下，L 越大，应力值越大。根据老母坡矿地应力实测结果，2101 工作面处侧压系数 λ 近似为 1，对于工作面边缘（$r \ll L$ 范围），σ_x 可以忽略 $(1-\lambda)\gamma H$，工作面围岩应力以主应力形式表示为平面应力状态：

$$\sigma_1 = \frac{\gamma H}{2}\sqrt{\frac{L}{r}}\cos\frac{\theta}{2}\left(1+\sin\frac{\theta}{2}\right)$$

$$\sigma_2 = \frac{\gamma H}{2}\sqrt{\frac{L}{r}}\cos\frac{\theta}{2}\left(1-\sin\frac{\theta}{2}\right) \tag{3.1.2}$$

$$\sigma_3 = 0$$

假设围岩屈服破坏符合摩尔-库仑强度准则，为均质弹性体，即：

$$\sigma_1 - \xi\sigma_3 = R_{\mathrm{rmc}} \tag{3.1.3}$$

式中，R_{rmc} 为单轴抗压强度，可通过单轴抗压试验获得；$\xi = \frac{1+\sin\varphi}{1-\sin\varphi}$，$\varphi$ 为煤层内摩擦角。

将式(3.1.2)代入式(3.1.3)，可得采场边缘破坏区边界方程为：

$$r = \frac{\gamma^2 H^2 L}{4R_{\mathrm{rmc}}^2}\cos^2\frac{\theta}{2}\left(1+\sin\frac{\theta}{2}\right)^2 \tag{3.1.4}$$

在 $\theta=0$ 时，煤帮塑性区长度最大，即在工作面支承压力影响下，水平方向的最大塑性破坏区长度为：

$$r_0 = \frac{\gamma^2 H^2 L}{4R_{\mathrm{rmc}}^2} \tag{3.1.5}$$

由图 3.1.7，可得工作面采动导致的支承压力对底板造成的屈服破坏深度 h 与水平方向塑性破坏区长度的关系式为：

$$h = \frac{\gamma^2 H^2 L}{4R_{\mathrm{rmc}}^2}\cos^2\frac{\theta}{2}\left(1+\sin\frac{\theta}{2}\right)^2\sin\theta \tag{3.1.6}$$

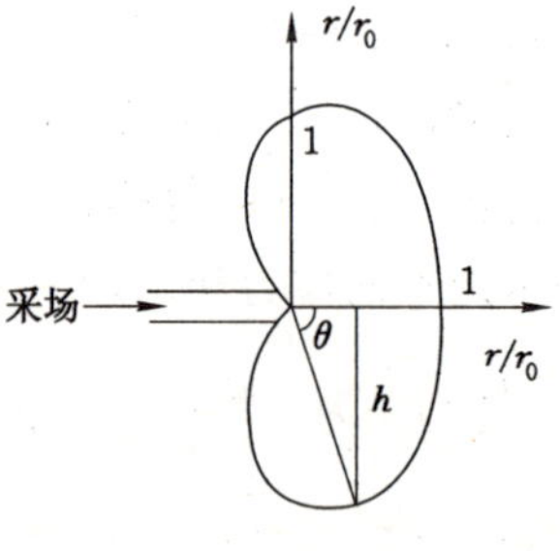

图 3.1.7 采场边缘的岩体屈服破坏区域

将上式看成以 θ 为变量的函数，令其一阶导数为零，可求得 $\theta=74.84°$，则：

$$r_0 = \frac{\gamma^2 H^2 L}{4R_{\mathrm{rmc}}^2} \tag{3.1.7}$$

图 3.1.7 中 x 轴按顺时针方向旋转时，底板岩层的屈服破坏深度最大，最大值 $h_{\max}$ 为：

$$h_{\max} = \frac{1.57\gamma^2 H^2 L}{4R_{\mathrm{rmc}}^2} \tag{3.1.8}$$

由式(3.1.8)可知，对于一定埋深的矿井，γH 可看作常数，那么巷道底板岩层的屈服损伤深度与工作面长度成正相关关系，与岩体抗压强度成反相关关系。

由图 3.1.7 可知，最大屈服损伤深度在水平方向的投影为：

$$L_\rho = h_{\max}\cot\theta = \frac{0.42\gamma^2 H^2 L}{4R_{\mathrm{rmc}}^2} \tag{3.1.9}$$

屈服破坏的岩体在应力屈服状态下会产生进一步的塑性流动，塑性区破坏深度会更大。设岩石节理裂隙的影响系数为 β，那么采动引起的底板岩层最大破坏深度为：

$$h_\sigma = \frac{1.57\gamma^2 H^2 L}{4\beta^2 R_{\mathrm{rmc}}^2} \tag{3.1.10}$$

式中：β 为岩体节理裂隙影响系数；R_{rmc} 为实验室岩块单轴抗压强度。

3.1.2.2　3 煤顶板岩石质量 RQD 指标

实验中的岩石在老母坡矿一采区取芯 4 处，3109 轨道下山里程 500 m 的未受采动影响区和 3109 运输平巷停采线附近各 2 处，其中 3109 运输平巷上覆 2101 采空区。岩石取芯直径为 50 mm，如图 3.1.8 所示。

对于所取岩芯的质量如何，需要通过计算岩石的 RQD 来反映，通过对老母坡矿顶板岩芯测得数据分析计算得表 3.1.3。

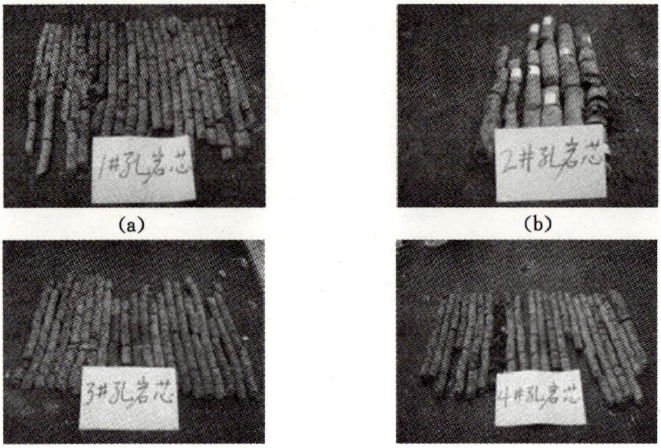

(a) (b) (c) (d)

图 3.1.8　不同钻孔岩芯实照

(a) 顶板 1# 钻孔岩芯实照；(b) 顶板 2# 钻孔岩芯实照；
(c) 顶板 3# 钻孔岩芯实照；(d) 顶板 4# 钻孔岩芯实照

表 3.1.3　　3 煤顶板不同长度范围岩石的 RQD　　单位：%

不同长度范围	1# 孔	2# 孔	3# 孔	4# 孔
0～2 m	56	53	55	45
2～4 m	71	62	70	82
4～6 m	43	36	48	55
6 m 以上	35	28	67	58
全长 RQD	51	45	60	60
质量等级	Ⅲ	Ⅳ	Ⅲ	Ⅲ
备注	受 2 煤采动影响区域		未受采动影响区域	

2 煤、3 煤间距为 6～12 m，可以看出 6 m 以上的未受采动影响的 3109 轨道下山岩石 RQD 相较于受 2 煤采动影响区域的岩石

RQD 明显高出 1～2 个等级，平均降幅达 30%，显然受 2 煤采动影响区域顶板 6 m 以上，即 2 煤底板 3～4 m 处，岩石受采动影响发生明显屈服破坏。

3.1.2.3　2107 工作面底板破坏深度及屈服比计算

根据实验室实测，取煤层深度 $H=200$ m，$\gamma=24$ kN/m^3，2 煤底板岩层平均抗压强度 $R_{\mathrm{rmc}}=50$ MPa，节理裂隙的影响系数 $\beta=0.4$，$L=150$ m。将上述参数代入式(3.1.10)，得 2107 工作面开采引起的底板屈服破坏深度为：

$$h_\sigma=\frac{1.57\gamma^2 H^2 L}{4\beta^2 R_{\mathrm{rmc}}^2}=3.39\ \mathrm{m}$$

RQD 实测结果 $h=3\sim4$ m。

理论计算结果与 RQD 实测结果较为一致，由于 2 煤、3 煤煤层平均间距 9.2 m，屈服比：

$$\Psi=\frac{h_\sigma}{h}=\frac{3.39}{9.2}=0.368<1$$

由上可知，上覆煤层开采后，结合老母坡矿区实际条件，顶板上方厚度为 3.45 m 的砂岩顶板并未受到采动影响破坏，其可以作为上煤层已采单一关键层结构，3 煤留巷巷道顶板具备足够的被加固岩层厚度，此类下伏巷道顶板可以采用锚杆索进行支护，这也为 3 煤顶板锚索长度的确定提供了初步依据。

3.1.3　沿空留巷顶板结构及载荷分析

3.1.3.1　留巷顶板结构特征

虽然对于上覆煤层采后下伏煤层开采的矿压显现规律较弱，重复开采时的矿压显现更趋缓和，周期来压强度不明显，有利于沿空留巷，但在已采完工作面的下伏煤层中回采时，其顶板的特点是顶板较薄，且受到上覆煤层采动损伤影响，顶板之上为上覆煤层开采后垮落的散体矸石，如图 3.1.9 所示。近距离煤层沿空留巷顶板结构和边界条件与普通单一煤层沿空留巷相比，具有明显的区别，其顶板承载能力降低，留巷难度增大。

图 3.1.9　近距离煤层无墙体沿空留巷结构模型

由近距离下部煤层开采后底板损伤状态分析可知，沿空留巷巷道顶板支护的对象是受到上部煤层采动损伤影响的裂隙块体及上覆煤层开采后垮落的矸石，留巷巷内支护主要受留巷顶板自重以及垮落矸石作用的载荷。

3.1.3.2　重复采动留巷顶板受力分析

留巷顶板上方的垮落矸石呈压力拱结构，顶板所受载荷即为拱内矸石重量，如图 3.1.10 所示为拱的极限平衡状态，其中，q 为拱上部载荷，T 为拱顶水平推力，F 为拱脚处限制拱外移的摩擦力，根据压力拱理论，散体材料的压力拱内拉应力为零，则对弧段内任意点 B 都不会产生力矩，有：

$$\sum M_{\mathrm{B}} = Ty - \frac{1}{2}qx^2 = 0 \tag{3.1.11}$$

即：

$$y = \frac{qx^2}{2T} \tag{3.1.12}$$

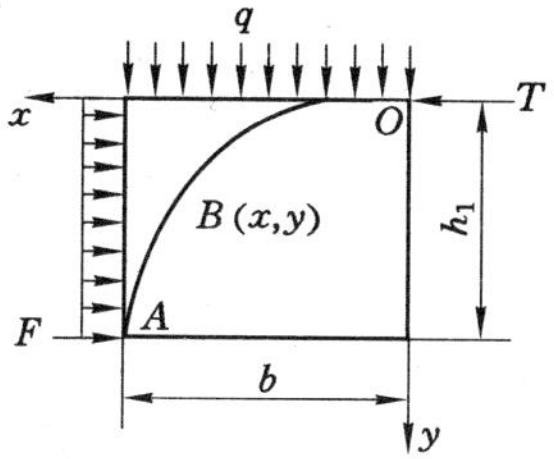

图 3.1.10 冒落矸石拱的平衡分析

由图 3.1.10 可知，自然平衡拱应是抛物线形状，取一定的富余系数以保证拱的稳定性，即：

$$T = f_1 qb - \tau h_1 \tag{3.1.13}$$

式中 f_1——普氏坚固系数；

b——1/2 拱的跨距；

τ——拱稳定富余系数的附加剪切力度；

h_1——拱高。

当 $x=b$ 时，由式(3.1.12)和式(3.1.13)得：

$$\tau = \frac{2f_1 qbh_1 - qb^2}{2h_1^2} \tag{3.1.14}$$

对式(3.1.14)求导，令其一阶导数等于零，得到：

$$h_1 = \frac{b}{f_1} \tag{3.1.15}$$

设 a 为留巷宽度，拱底宽度近似为：

$$2b = a \tag{3.1.16}$$

则拱高：

$$h_1 = \frac{a}{2f_1} \tag{3.1.17}$$

近似处理为拱高为 h_1 的矩形均布载荷，于是求得留巷顶板上的载荷：

$$q_y = \frac{a\gamma}{2f_1} \tag{3.1.18}$$

3.1.4 无墙体沿空留巷基本顶破断平衡机制

3.1.4.1 无墙体沿空留巷基本顶破断位置分析

无墙体沿空留巷与充填墙体沿空留巷的根本区别在于一次采动后是否沿采空区侧构筑人工充填墙体，如图 3.1.11 所示。

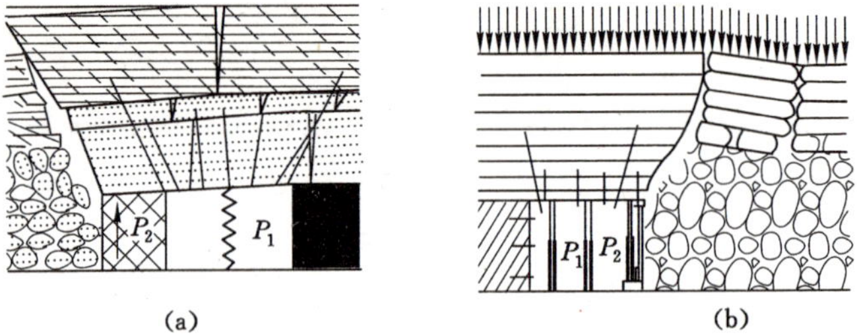

图 3.1.11 不同沿空留巷力学模型

(a) 充填墙体沿空留巷；(b) 无墙体沿空留巷

对于浅埋、薄煤层、无瓦斯隐患、不易自燃等条件简单的矿井，矿压显现小且不需要考虑密闭采空区的问题，构筑充填墙体沿空留巷在此类条件矿井是不需要的。近距离下伏煤层重复采动时，充填墙体易突然失稳，是造成冲击动载影响的隐患源。无充填墙体沿空留巷相较于充填墙体沿空留巷，极限悬顶距离减小，这对留巷显然是有利的。与普通巷道相比，无充填墙体沿空留巷在回采中一侧煤体被采出，其巷道围岩结构特征明显不同。对于巷内采用锚网索联合支护的无充填墙体沿空留巷巷道，当巷道回采侧煤体随工作面回采被采出后，留巷巷道上覆岩层一侧悬空，另一侧由煤壁与锚网索支撑，留巷顶板在垮落前没有与冒落矸石接触，其上覆岩层形成了悬臂梁结构，如图 3.1.12 所示。悬臂梁结构的破断及稳定取决于巷旁支护体以及煤帮等强度的大小，同时该悬臂结构的长短及破断位置也受到支护阻力与实体煤强度的影响。此悬臂梁受力分析如下：

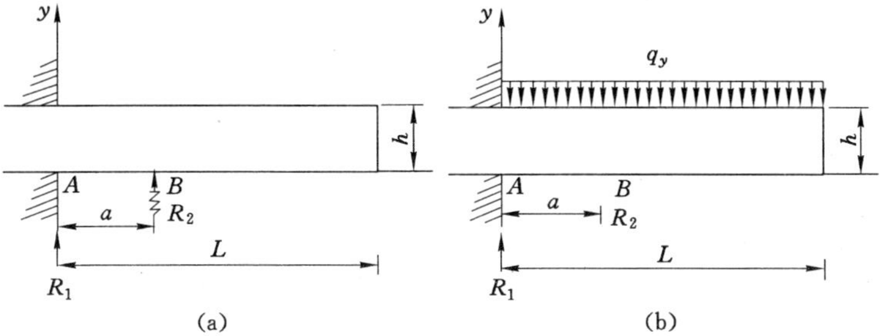

图 3.1.12　无墙体沿空留巷悬臂梁力学模型图

对于图(a)中有：

$$M_{1x} = -\frac{1}{2}q(L-x)^2 \tag{3.1.19}$$

对整个 L 长度进行积分：

$$\left.\begin{aligned} EI\theta &= -\frac{1}{6}q(x-L)^3 + C_1 \\ EIy &= -\frac{1}{24}q(x-L)^4 + C_1x + D_1 \end{aligned}\right\} \tag{3.1.20}$$

梁的端部为固定端，则有：

$$\left.\begin{aligned} x=0,\theta=0:C_1 &= -\frac{1}{6}qL^3 \\ x=0,y=0:D_1 &= \frac{1}{24}qL^4 \end{aligned}\right\} \tag{3.1.21}$$

可得：

$$v_{1x} = \frac{-\frac{1}{24}q(x-L)^4 - \frac{1}{6}qL^3x + \frac{1}{24}qL^4}{EI} \tag{3.1.22}$$

对于图(b)有：

$$M_{2x} = R_2(a - x) \tag{3.1.23}$$

对整个 a 长度上积分：

$$\left.\begin{aligned} EI\theta &= -\frac{1}{2}R_2(a - x)^2 + C_2 \\ EIy &= \frac{1}{6}R_2(a - x)^3 + C_2 x + D_2 \end{aligned}\right\} \tag{3.1.24}$$

梁的端部为固定端，则有：

$$\left.\begin{aligned} x = 0, \theta = 0: C_2 &= \frac{1}{2}R_2 a^2 \\ x = 0, y = 0: D_2 &= -\frac{1}{6}R_2 a^3 \end{aligned}\right\} \tag{3.1.25}$$

可得：

$$v_{2x} = \frac{\frac{1}{6}R_2(a - x)^3 + \frac{1}{2}R_2 a^2 x - \frac{1}{6}R_2 a^3}{EI} \tag{3.1.26}$$

根据整个约束条件，在 B 点，即 $x = a$ 时，有 $v = 0$，即 $v_{1x} + v_{2x} = 0$，则有：

$$\begin{aligned} v_{1x} &= \frac{-\frac{1}{24}q(x - L)^4 - \frac{1}{6}qL^3 x + \frac{1}{24}qL^4}{EI} \\ &= -\frac{1}{24}\frac{qa^2}{EI}(a^2 - 4La + 6L^2) \\ v_{2x} &= \frac{\frac{1}{2}R_2 a^3 - \frac{1}{6}R_2 a^3}{EI} \\ &= \frac{1}{3}\frac{R_2 a^3}{EI} \end{aligned} \tag{3.1.27}$$

可得：

$$R_2 = \frac{q(a^2 - 4La + 6L^2)}{8a} \tag{3.1.28}$$

$$\sigma_x=\begin{cases}\dfrac{\frac{1}{2}q(L-x)^2-R_2(a-x)}{W_z},0\leqslant x<a\\[2ex]\dfrac{\frac{1}{2}q(L-x)^2}{W_z},a\leqslant x<L\end{cases}\tag{3.1.29}$$

由材料力学可知，当顶板中的最大拉应力达到岩层的抗拉强度时，顶板悬空距离达到最大，顶板断裂，即：

$$\sigma_{\max}=R_t\tag{3.1.30}$$

式中，R_t 为顶板岩层的极限抗拉强度。

由式(3.1.29)可知，对整个梁而言，最大弯矩分别发生在实体煤端和巷旁支护体端，为：

$$M_A=\frac{qL^2}{2}-R_2a,\sigma_A=\frac{\frac{qL^2}{2}-R_2a}{W_z},0\leqslant x<a\tag{3.1.31}$$

$$M_B=\frac{q(L-a)^2}{2},\sigma_B=\frac{q(L-a)^2}{2W_z},a\leqslant x<L\tag{3.1.32}$$

综上所述，假设沿空留巷上方顶板力学性质相同，基本顶破断易发生在巷旁支护体处或实体煤处；只有当顶板存在局部弱化区域或横向、竖向节理裂隙时，基本顶可能在巷道上方等其他处破断。该结论与现场实践中发现的基本顶在巷旁支护体处或实体煤处破断概率较大的情况相符合。

3.1.4.2 基本顶沿巷旁断裂后顶板结构稳定性分析

对于侧向顶板沿巷旁支护体外侧或沿实体煤内侧断裂，两种情况下断裂岩块形成的结构相似，但顶板沿上述两种位置切顶断裂后，岩层并不是立即垮落，而是一个渐进的过程，在这个过程中，岩体的应力状态不断发生变化，切顶后的岩体活动有平衡或失稳两种状态，岩体要保持平衡，那么在这个变化过程中，支护阻力也必须满足其变化。

侧向顶板沿巷旁支护体外侧断裂后,块体 B、C 在旋转下沉过程中会受到已垮落岩块 C 的挤压应力影响,直至产生新的平衡,在断裂块体重新平衡的过程中,沿空留巷空间所受支承压力也随之变化。其力学模型如图 3.1.13 所示,块体 C 破断后旋转下沉如图 3.1.14 所示。垮落岩层所产生的挤压应力取决于该岩块的几何尺寸 L_i,交点处的压缩量 C_A、C_B、C_C,有效压缩高度 h_A、h_B、h_C 及岩体本身强度。

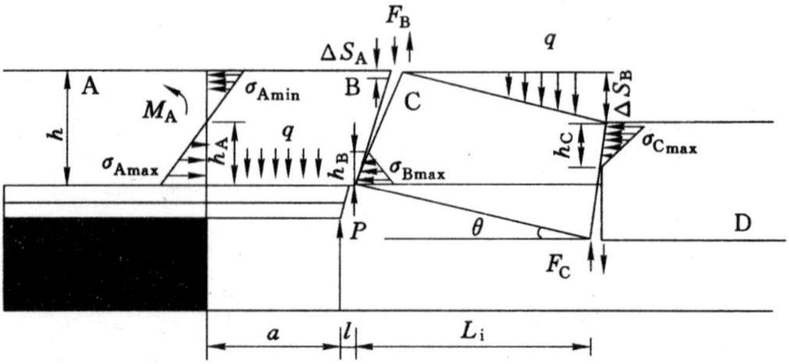

图 3.1.13 侧向基本顶沿巷旁支护断裂后留巷受力模型

h——基本顶厚度;ΔS_A、ΔS_B——块体 B、C 旋转下沉量;P——巷旁支护阻力;

q——基本顶所受均布载荷;$\sigma_{A,min}$——块体 A 所受最小挤压应力;a——巷道宽度;

l——悬臂长度;L_i——侧向顶板巷外极限悬顶长度;

$\sigma_{A,max}$、$\sigma_{B,max}$、$\sigma_{C,max}$——块体 A、B、C 所受最大挤压应力;

h_A、h_B、h_C——各块体有效压缩量;M_A——抗弯弯矩;

F_B、F_C——块体 C 左右边界所受抗剪阻力

据图 3.1.13 和图 3.1.14,以岩块 B 的接触点为原点,建立 xOy 坐标系,由解析几何求得:

$$y=\frac{h\cos\theta-R_0\sin\alpha}{(h\sin\theta-R_0\cos\alpha)}(x-R_0\cos\alpha+c)+R_0\sin\alpha \tag{3.1.33}$$

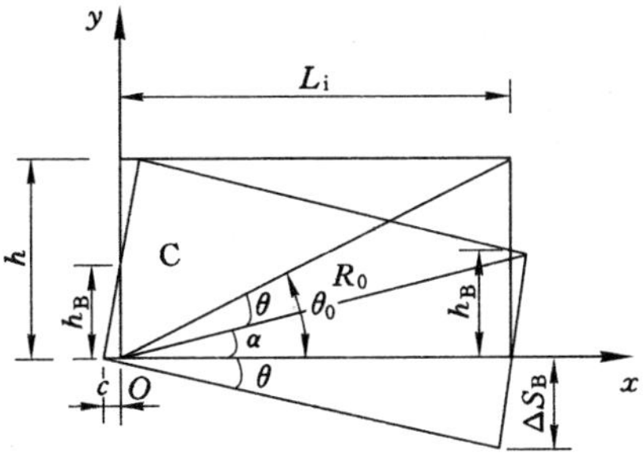

图 3.1.14 岩层破断后顶板旋转下沉计算示意图

θ_0——块体 C 几何尺寸与对角线的夹角；c——岩体 C 铰点的压缩量；

θ——块体 C 旋转角度；R_0——块体 C 对角线长度

式中，$\alpha=\theta_0-\theta$。

令：$l_m=a+l$，$\cos\theta_0=l_m/R_0$，$\sin\theta_0=h/R_0$，$\sin\theta=\Delta S_A/l_m$。根据 B 左边界直线方程可得：

$$h_A=\frac{h\sqrt{l_m^2-\Delta S_A^2}}{l_m}+\frac{\Delta S_A(h\Delta S_A-l_m^2)}{2l_m\sqrt{l_m^2-\Delta S_A^2}}-\frac{\Delta S_A}{2} \tag{3.1.34}$$

同理得：

$$h_B=\frac{h\sqrt{L_i^2-\Delta S_B^2}}{L_i}+\frac{\Delta S_B(h\Delta S_B-L_i^2)}{2L_i\sqrt{L_i^2-\Delta S_B^2}}-\frac{\Delta S_B}{2} \tag{3.1.35}$$

对于 B、C 岩块，由水平方向合力为零易得：

$$h_A\sigma_{Amax}=h_B\sigma_{Bmax}=h_C\sigma_{Cmax} \tag{3.1.36}$$

对于 C 岩块，显然 $h_B=h_C$，C 岩块保持稳定时，须满足：

$$\begin{cases}\dfrac{1}{2}qL_i^2+\dfrac{h_B}{2}\sigma_{Bmax}\dfrac{h_B}{3}-\dfrac{h_C}{2}\sigma_{Cmax}\dfrac{2h_C}{3}=0\\ qL_i-\tau_{max}h_B=0\end{cases} \tag{3.1.37}$$

联立式(3.1.36)、式(3.1.37)得：

$$\sigma_{\mathrm{Bmax}}=\frac{3qL_{\mathrm{i}}^{2}}{h_{\mathrm{B}}^{2}},\tau_{\max}=\frac{L_{\mathrm{i}}}{h_{\mathrm{B}}}q \tag{3.1.38}$$

沿空留巷侧向顶板破断后，破断面失去抗拉能力，但是抗压能力仍然存在，压应力合力的作用点便偏离中性轴，偏心压力形成的反力矩会阻止顶板岩块继续旋转下沉，剪力则抵抗顶板岩块的滑落下沉。随着顶板岩块的下沉，力矩越来越大，当最大压应力小于岩层的抗压强度时，岩块处于平衡状态，称为第二次稳定状态。

侧向顶板岩块C取得自身稳定平衡的必要条件为：

$$\begin{aligned}&\sigma_{\max}\leqslant R_{\mathrm{C}}\\&\tau_{\max}\leqslant R_{\mathrm{S}}\\&0\leqslant k_{\mathrm{C}}\leqslant 1\\&0\leqslant k_{\tau}\leqslant 1\end{aligned} \tag{3.1.39}$$

式中：R_{C} 为岩体的抗压强度；R_{S} 为岩体的抗剪强度；k_{C} 为抗压强度；k_{τ} 为抗剪强度。

(1) 旋转失稳。

岩块是否发生旋转失稳，主要看B、C岩块断裂面的压应力是否超过岩层的抗压强度。如果 $k_{\mathrm{C}}>1$，则B、C岩块发生挤压旋转失稳；$k_{\mathrm{C}}\leqslant1$，说明B、C岩块破断后仍可与沿空留巷侧向顶板保持联系，并不发生旋转垮落。

(2) 滑落失稳。

岩块是否发生滑落失稳，主要看B、C岩块剪切面的剪应力是否超过岩层的抗剪强度。如果 $k_{\tau}>1$，则B、C岩块剪切面发生滑落失稳；$k_{\tau}\leqslant1$，说明B、C岩块破断后仍可与沿空留巷侧向顶板保持联系，并不发生滑落失稳。

对于A、B岩块，煤帮边界相当于固支边界，显然是可以承受拉力的，实体煤帮存在抗弯弯矩 M_{A}。侧向顶板沿巷旁支护体外侧断裂后，由平衡法得巷旁支护阻力为：

$$P=\frac{1}{2}ql_{\mathrm{m}}^{2}+F_{\mathrm{B}}l_{\mathrm{m}}+h_{\mathrm{B}}\frac{(3h-2h_{\mathrm{B}})qL_{\mathrm{i}}^{2}}{4(2h_{\mathrm{C}}-h_{\mathrm{B}})}+\frac{3qL_{\mathrm{i}}^{2}}{2(2h_{\mathrm{C}}-h_{\mathrm{B}})}\Delta S_{\mathrm{B}}-M_{\mathrm{A}} \tag{3.1.40}$$

若 B、C 岩块切断垮落，则 $F_{\mathrm{B}}=0$，h_{B} 接近于 0，则：

$$P=\frac{1}{2}ql_{\mathrm{m}}^{2}+\frac{3qL_{\mathrm{i}}^{2}}{2(2h_{\mathrm{C}}-h_{\mathrm{B}})}\Delta S_{\mathrm{B}}-M_{\mathrm{A}} \tag{3.1.41}$$

说明沿空留巷顶板沿巷旁侧切断并垮落后，留巷后期所需的支护阻力将迅速减少。同时加强煤壁支护，提高煤壁抗弯弯矩，可以有效减少巷旁支护阻力，保证岩块 A、B 的稳定性。

3.1.4.3　基本顶沿实体煤断裂后顶板结构稳定性分析

沿空留巷侧向顶板沿实体煤内部断裂后，A 处断面不能承受拉力，受力模型如图 3.1.15 所示，用类似方法推导出如下公式：

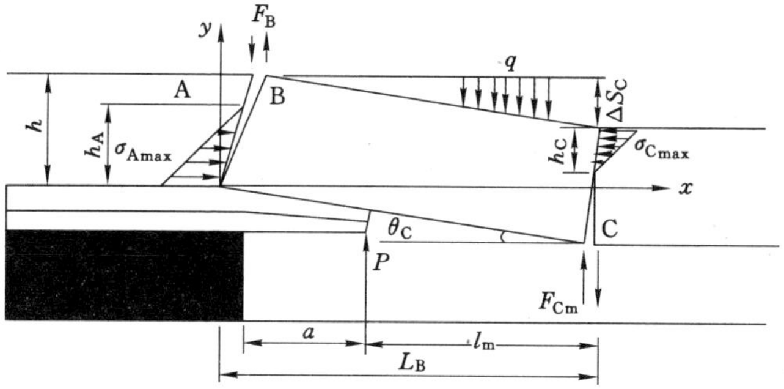

图 3.1.15　侧向基本顶沿实体煤内部断裂后留巷受力模型

$$h_{\mathrm{A}}=\frac{h\sqrt{L_{\mathrm{B}}^{2}-\Delta S_{\mathrm{C}}^{2}}}{L_{\mathrm{B}}}+\frac{\Delta S_{\mathrm{C}}(h\Delta S_{\mathrm{C}}-L_{\mathrm{B}}^{2})}{2L_{\mathrm{B}}\sqrt{L_{\mathrm{B}}^{2}-\Delta S_{\mathrm{C}}^{2}}}-\frac{\Delta S_{\mathrm{C}}}{2} \tag{3.1.42}$$

$$C_{\mathrm{A}}=\frac{\sqrt{L_{\mathrm{B}}^{2}-\Delta S_{\mathrm{C}}^{2}}+h\Delta S_{\mathrm{C}}/L_{\mathrm{B}}-L_{\mathrm{B}}}{2}$$

$L_{\mathrm{B}}=s+a+l_{\mathrm{m}}$，由平衡法得：

$$\sigma_{\mathrm{Cmax}} h_{\mathrm{C}} = \sigma_{\mathrm{Amax}} h_{\mathrm{A}} \tag{3.1.43}$$

$$\frac{1}{2} q L_{\mathrm{B}}^{2} + \frac{h_{\mathrm{A}}}{2} \sigma_{\mathrm{Amax}} \frac{h_{\mathrm{A}}}{3} - \frac{h_{\mathrm{C}}}{2} \sigma_{\mathrm{Cmax}} \frac{2h_{\mathrm{C}}}{3} = 0 \tag{3.1.44}$$

$$q L_{\mathrm{B}} - \tau_{\max} h_{\mathrm{C}} = 0$$

联立得：

$$\sigma_{\mathrm{Amax}} = \frac{3qL_{\mathrm{B}}^{2}}{h_{\mathrm{A}}^{2}}, \tau_{\max} = \frac{L_{\mathrm{B}}}{h_{\mathrm{A}}} q \tag{3.1.45}$$

顶板沿实体煤帮断裂后，破断面处失去抗拉能力，但仍然具有抗压能力，当 $h_{\mathrm{A}}>0$ 时，岩块 A、B 处于受压状态，岩块 A、B 可以保持平衡；当 $h_{\mathrm{A}}<0$ 时则意味着岩块失去了挤压力，岩块 A、B 沿巷道煤壁平行下沉，甚至沿着实体煤侧切顶滑移。显然侧向顶板在沿空留巷实体煤内部断裂后，顶板悬顶较沿巷旁支护体外侧断裂时长，最大压应力与最大切应力值皆较侧向顶板沿巷旁支护体外侧切断时大，因此相较于侧向顶板沿巷旁支护体外侧切断的情况下，岩体更难平衡，沿空留巷受支承压力影响更长更剧烈，需要的支护阻力也就更大。

岩块沿实体帮内部断裂后，其相当于简支边界，不具有抗弯弯矩，由岩块 A、B 的平衡可得巷旁支护阻力：

$$P(a+s) = \frac{1}{2} q L_{\mathrm{B}}^{2} + F_{\mathrm{C}} L_{\mathrm{B}} - \left(\frac{h_{\mathrm{C}}}{6} - \frac{\Delta S_{\mathrm{C}}}{2}\right) \frac{3qL_{\mathrm{B}}^{2}}{(2h_{\mathrm{C}} - h_{\mathrm{A}})} \tag{3.1.46}$$

侧向顶板破断位置无论位于巷旁支护体外侧或实体煤内部，顶板断裂后支护阻力的大小都是与侧向顶板旋转角度 θ 以及悬顶长度相关的函数，旋转角度越大，悬顶越长，沿空留巷巷道所受支承压力越大。

综上，显然沿空留巷侧向顶板断裂的最优力学形态为在煤帮尚为固定边界时，侧向顶板沿巷旁支护体外侧断裂。沿空留巷侧向顶板破断位置，是与巷内支护和巷旁支护强度密切相关的，提高巷旁支护阻力，可以将沿空留巷侧向顶板沿巷旁支护外侧切落，巷旁支护体具有强初撑高增阻的主动支撑性能可以主动构造沿空留巷侧向顶板最优结构。此外，支护的作用效果主要是通过实体煤帮的抗弯弯矩体现出来，提高抗弯弯矩对实现侧向顶板沿巷旁支护体外侧断裂至关重要。

3.2 无墙体沿空留巷巷旁切顶及巷内支撑载荷数值计算

合理的巷内支护与巷旁支护是保障无巷旁充填沿空留巷成功的关键。本章首先通过总结国内无充填墙体沿空留巷的成功案例分析确定无墙体沿空留巷的适用条件，而后针对老母坡煤矿地质条件进行无墙体沿空留巷巷旁切顶及巷内支撑载荷数值模拟计算。

3.2.1 无墙体沿空留巷的适用条件

无墙体沿空留巷是否适用的影响因素有很多，但可归纳为两个主要因素：地质条件与巷旁及巷内支护技术协调性。

3.2.1.1 地质条件

通过对国内无墙体沿空留巷的成功案例进行归纳总结，对无墙体沿空留巷在不同顶板条件、煤层倾角、煤层厚度、采深等条件下的留巷进行研究，分析无墙体沿空留巷在不同地质条件下的适应性。

3.2.1.1.1 顶板类型

顶板岩性对无充填墙体沿空留巷是否成功显然具有重要影响。由表 3.2.1 可知，在我国的无墙体沿空留巷实践中，针对砂岩、石灰岩、泥岩等软、硬顶板都有成功的案例。但对于厚硬岩层沿空留巷，则要求巷旁切顶阻力非常高，需要进行人工预裂爆破，进行巷外切顶；顶板过软又会导致巷旁支护体上方顶板较为破碎，使力无法向上方顶板传递，造成留巷失败。因此，中等稳定的顶板更适应无墙体沿空留巷。

表 3.2.1　　无墙体沿空留巷在我国的应用情况

煤矿	顶板岩性	煤厚及采深	煤层倾角	巷内支护	巷旁支护	留巷效果
焦作方庄煤矿	粉砂质泥岩	煤厚 5.6 m	16°～22°	刚性梯形棚	未设巷旁支护	断面收缩率 26%
位村矿	粉砂岩	煤厚 5.3 m	16°	棚式支护	未设巷旁支护	断面收缩率 13.4%～18.3%
孙庄矿	石灰岩	煤厚 0.9 m	5°～13°	锚网索＋钢梯梁	单体支柱＋人工切顶	效果较好
左权天一煤业公司	细砂岩	煤厚 1.5 m，采深 200 m		锚网索＋单体	人工矸石	变形不大
横河煤矿	泥岩	煤厚 8.5 m，采高 2.2 m		棚式支护	单体支柱	采空侧变形较大
朱庄矿		煤厚 3 m	5°～10°	锚网索	木点柱	留巷效果较好
葛泉矿	泥质粉砂岩	煤厚 2.35 m，采深 300 m	15°	锚网索	强制切顶支架	变形较小
山家林煤矿	泥岩、石灰岩	煤厚 0.7～1.2 m	5°	架棚支护	护矸柱＋矸石带	断面收缩率 8.2%
古汉山矿	砂质泥岩	煤厚 4.4～6.2 m，采深 428～444 m	13°～17°	锚网索	木垛和密集支柱	卧底扩刷
康城煤矿	黑色粉砂岩与碳质页岩	煤厚 3.87～7.6 m	平均 12°	锚网索	3 排密集木柱	留巷效果较好
章村矿	灰色块状粉砂岩	煤厚 1.2 m		锚网索＋单体	单体支柱＋金属网	变形较小

3.2.1.1.2 煤层厚度、埋深及倾角

从表 3.2.1 可知,无墙体沿空留巷实践中,煤厚从 0.9 m 的薄煤层至 8 m 左右的厚煤层,都有成功留巷的经验。但厚煤层无墙体沿空留巷,留巷变形大,维护困难,无墙体沿空留巷在浅埋薄煤层及中厚煤层应用较多,留巷效果也更加好。

对于大倾角沿空留巷,巷旁支护体受矸石强烈侧压影响,稳定性难以保证。因此,煤层倾角不大的矿井更加适用无墙体沿空留巷。

3.2.1.1.3 瓦斯等有害气体含量

无墙体沿空留巷由于巷旁无充填墙体,即使对采空区进行喷涂等密闭处理,仍无法保证封闭效果,因此无墙体沿空留巷只适用于低瓦斯矿井。

3.2.1.2 巷旁及巷内支护技术协调性

无墙体沿空留巷技术的支护关键在于在顶板出现离层破坏之前,能够及时提供足够初撑力和刚度的支护,将顶板沿巷旁支护处切断。顶板破断前,巷旁支护最大载荷以达到切顶阻力为主,顶板破断后,巷旁支护后期作用必须在具有适当的双向承载性能的同时,具有较大的可缩性能,同时具有一定的抗侧压性能,以平衡采空区冒落矸石侧向压力。与采用棚式支护等被动支护体系相比,巷内支护必须使用有较高强度和快速增阻特性的主动支护,实施沿空留巷巷内单体支护和巷内锚网索联合支护,稳定采空区侧巷道,控制煤帮强烈位移并保持顶板完整性,以尽早使巷旁支护达到较高支护阻力,保证切顶效果。

3.2.2 UDEC 数值模拟模型的建立

3.2.2.1 模型方案

模型岩性选取主要以老母坡矿地质科提供的 3109 工作面煤层柱状图为依据。针对老母坡 3109 及 2107 工作面各项工程地质条件,建立计算模型尺寸为长×宽=180 m×80 m,2 煤采高

1.2 m，2 煤、3 煤层间距 6～12 m，此处模拟取 9.2 m。3109 运输平巷巷道宽×高＝4.2 m×2.4 m，位置为 $X\in(120,124.2)$，$Y\in(21.4,23.8)$。边界条件选用应力边界和位移边界：

(1) 应力边界：模型上边界选用应力边界，由于老母坡矿埋藏深度较浅，一般在 200 m 左右，绝对铅直应力约 5 MPa。故在模型上边界施加垂直应力 4.75 MPa，模型中初始水平应力 3.125 MPa。

(2) 位移边界：约束模型的左、右及下边界岩面的法向位移。块体选用摩尔-库仑塑性模型，节理选用库仑滑动模型，即完全弹塑性本构模型。

边界模型如图 3.2.1 所示。UDEC 数值模拟如图 3.2.2 所示。

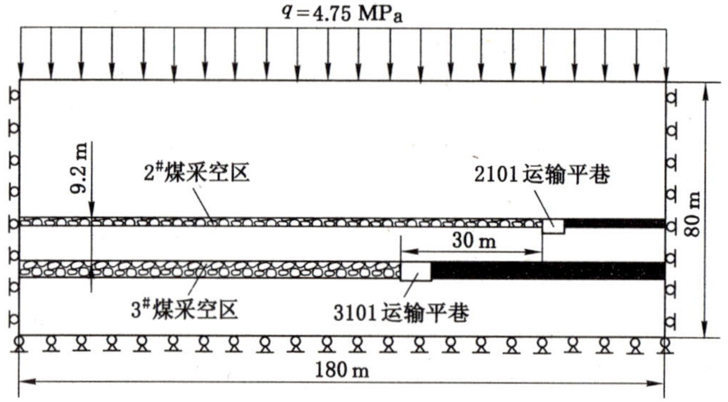

图 3.2.1　边界模型

根据老母坡矿所做的岩石力学参数实验报告，并结合下式计算岩石的体积模量及剪切模量：

$$K=\frac{E}{3(1-2\mu)}$$
$$G=\frac{E}{2(1+2\mu)} \tag{3.2.1}$$

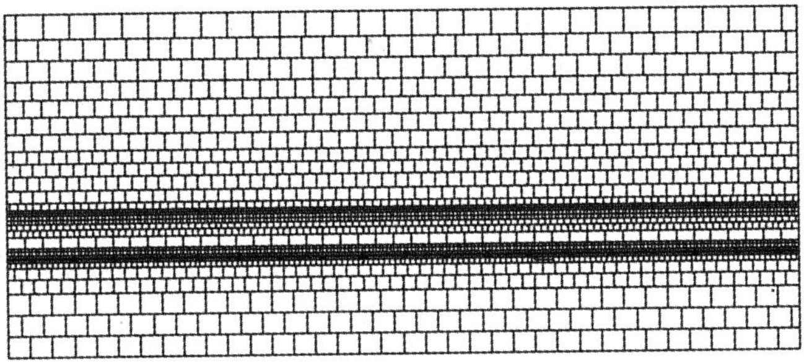

图 3.2.2 UDEC 数值模拟图

式中 K——体积模量；

E——弹性模量；

G——剪切模量；

μ——泊松比。

3.2.2.2 2 煤开挖后底板损伤深度数值模拟

由图 3.2.3 和图 3.2.4 可知，2107 工作面回采后，2107 底板塑性区及损伤范围在底板 4 m 范围之内。

3.2.2.3 巷道开挖数值计算分析

由图 3.2.5 可知，2107 采空区下 3109 运输平巷掘进期间围岩位移较小，顶板下沉量最大，但最大值不超过 30 mm，采空侧移近量最大为 10 mm，实体煤侧最大移近量亦不超过 20 mm。巷道支护基本限制了浅部围岩的松动变形和剪胀变形，抵消了部分水平应力，得以充分利用围岩自身承载能力，阻止围岩塑性区进一步扩展，巷道位移以巷道周边 1 m 以浅范围为主。由图 3.2.6 可知，3109 运输平巷开挖后，顶板处于应力降低区，顶板上方坚硬砂岩的垂直应力显著变小。

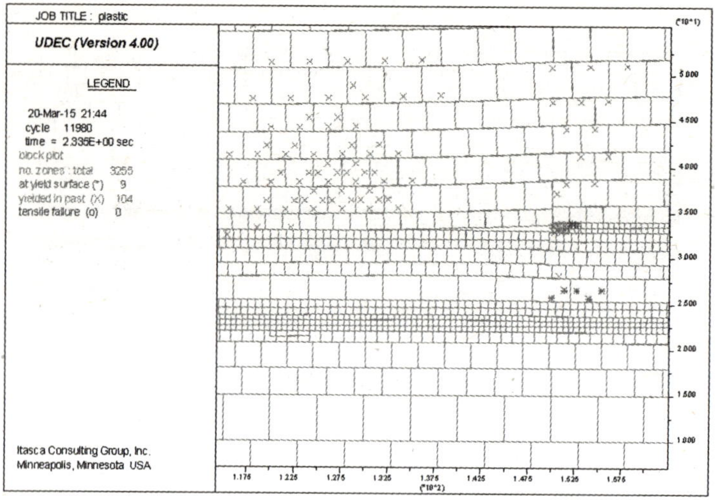

图 3.2.3 2107 工作面回采后 2107 底板塑性区分布

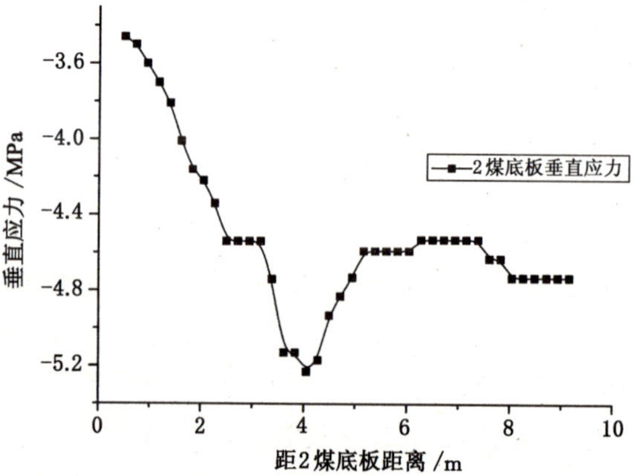

图 3.2.4 2107 工作面回采后 2107 底板应力分布

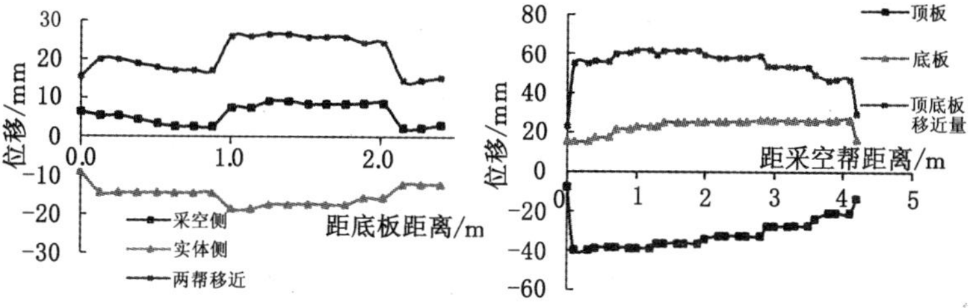

图 3.2.5 3109 运输平巷开挖巷道围岩变形特征

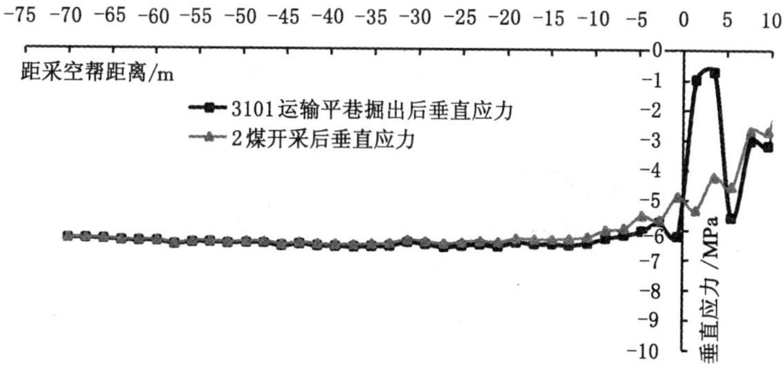

图 3.2.6 2 煤开采及 3109 运输平巷开挖引起的基本顶应力变化

3.2.3 不同切顶载荷下沿空留巷切顶效果

3.2.3.1 巷旁切顶阻力计算

巷旁切顶支架的最小支护阻力必须大于切顶阻力才能及时切顶，保证留巷成功，切顶阻力 P 必须满足下列力学条件：

$$P \geqslant P_t \tag{3.2.2}$$

式中，P_t 为临界切顶阻力。

由于顶板的极限抗拉强度：

$$R_t = \frac{M}{W_z} = \frac{q(L-a)^2}{2W_z} = \frac{3q(L-a)^2}{h^2}$$
$$L - a = h\sqrt{\frac{R_t}{3q}} \tag{3.2.3}$$

由 $P \geqslant P_t$，得：

$$P \geqslant P_t = q(L-a) = \frac{h^2 R_t}{3(L-a)} \tag{3.2.4}$$

从上式可以看出，切顶阻力的大小与顶板岩性以及其悬顶距离关系较大。切顶力学模型如图 3.2.7 所示。

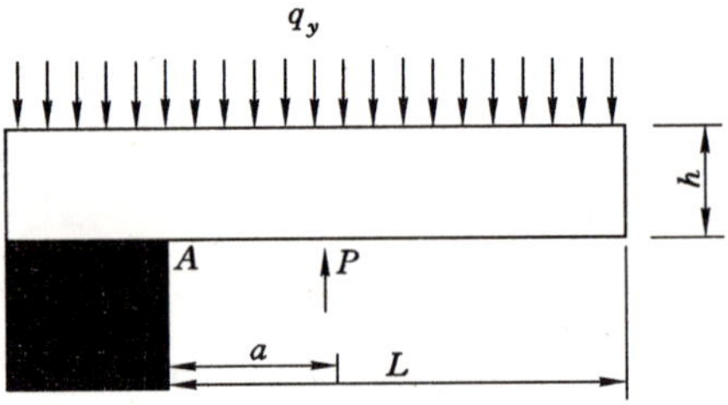

图 3.2.7　切顶力学模型

根据老母坡矿 3109 工作面综合柱状图，基本顶为砂岩，厚度 3.45 m，基本顶往上分别为厚度为 4.9 m 的泥岩以及 2 煤采空区冒落矸石。

由于煤层上方的岩层为非均质的层状岩层，岩层相互之间有作用力，每层之间相互作用力的大小取决于各层之间的互相影响。假设岩层载荷为均匀分布，$(q_n)_1$ 表示考虑到 n 层对第一层影响时形成的载荷，由《矿山压力与岩层控制》可得：

$$(q_n)_1 = \frac{E_1 h_1^3(\gamma_1 h_1 + \gamma_2 h_2 + \cdots + \gamma_n h_n)}{E_1 h_1^3 + E_2 h_2^3 + \cdots + E_n h_n^3} \tag{3.2.5}$$

式(3.2.5)即为计算基本顶上载荷的公式。

砂岩弹性模量取 2.4×10^4 MPa，泥岩取 2×10^4 MPa，砂岩容重 γ_1 取 25 $\mathrm{kN/m^3}$，泥岩容重 γ_2 取 23 $\mathrm{kN/m^3}$，则 q_2 岩层对基本顶的载荷为：

$$
\begin{aligned}
q_2 &= \frac{E_1 h_1^3(\gamma_1 h_1 + \gamma_2 h_2)}{E_1 h_1^3 + E_2 h_2^3} \\
&= \frac{2.4\times10^4\times(3.45)^3\times(25\times10^3\times3.45+23\times10^3\times4.9)}{2.4\times10^4\times(3.45)^3+2\times10^4\times(4.9)^3}\times10^{-6} \\
&= 0.059\ (\mathrm{MPa})
\end{aligned}
\tag{3.2.6}
$$

3109 工作面沿空巷道的宽 a 为 4 m，冒落矸石可以看成散体，根据岩石坚固系数分级查得 $f=0.6$，冒落矸石容重 γ_3 取 18 $\mathrm{kN/m^3}$，代入 q_y 得：

$$
q_y = \frac{a\gamma}{2f}\times10^{-3} = \frac{4\times18}{2\times0.6}\times10^{-3} = 0.06\ (\mathrm{MPa}) \tag{3.2.7}
$$

冒落矸石的重量相当于全部作用在基本顶上，则作用于基本顶岩层的均布载荷：

$$
q = q_2 + q_y = 0.059 + 0.06 = 0.119\ (\mathrm{MPa}) \tag{3.2.8}
$$

根据 3109 工作面沿空巷道顶板岩层的实测资料，考虑节理裂隙及 2107 采动的影响，顶板基本顶砂岩岩层实际抗拉强度 R_t 取 1.1 MPa。则：

$$
L - a = h\sqrt{\frac{R_t}{3q}} = 3.45\times\sqrt{\frac{1.1}{0.119\times3}} = 6.1\ (\mathrm{m})
$$

代入上述参数，则切顶阻力：

$$
P_m \geqslant q(L-a) = 0.119\times6.1\times10^3 = 726\ (\mathrm{kN/m})
$$

即留巷初期，设计的切顶阻力不能低于 693 kN/m。

3.2.3.2 不同切顶阻力下切顶效果分析

采用 UDEC 软件 support 命令，1 m 范围内设置两组支柱，模拟巷旁轴向 1 m 范围内切顶阻力分别为 400 kN、600 kN、800 kN 以及 1 000 kN 时的巷旁切顶效果，如图 3.2.8 所示。

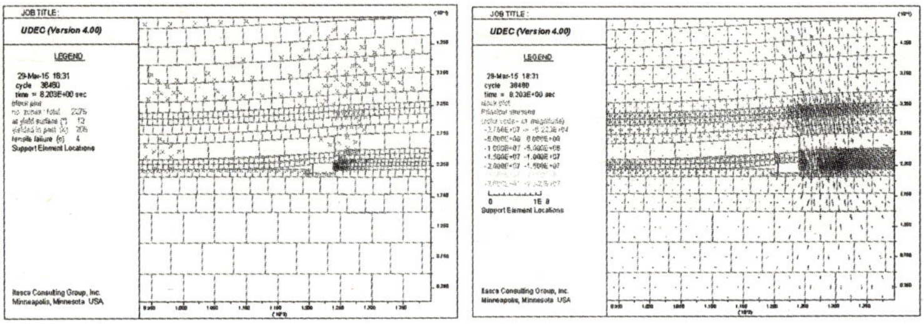

(a)

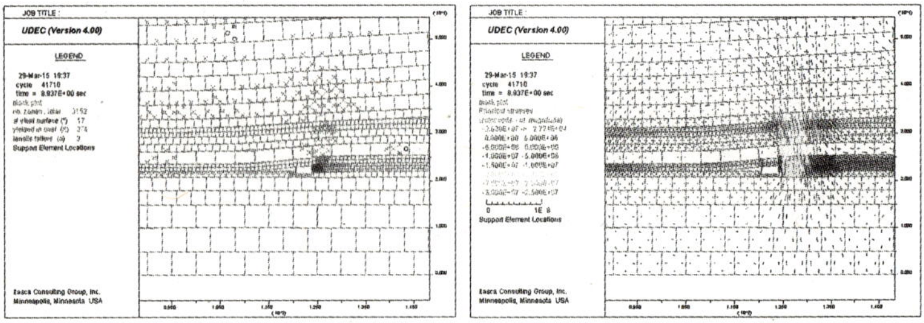

(b)

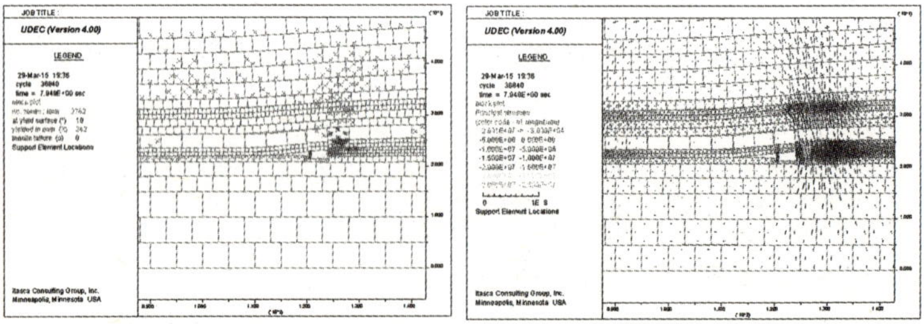

(c)

图 3.2.8　不同切顶阻力切顶效果模拟图

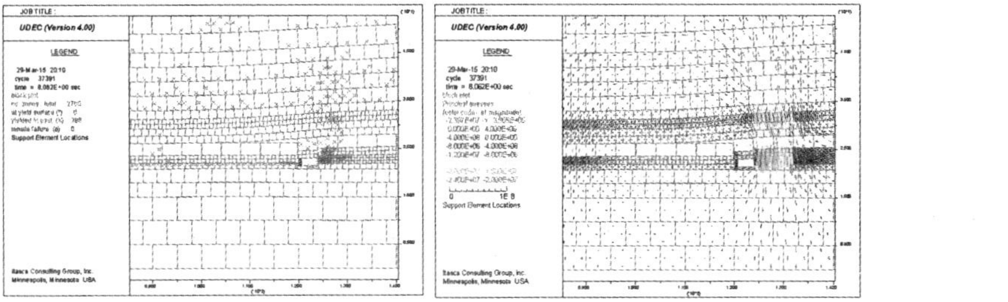

(d)

续图 3.2.8　不同切顶阻力切顶效果模拟图

(a) 400 kN/m；(b) 600 kN/m；(c) 800 kN/m；(d) 1 000 kN/m

由图 3.2.8 可知：在切顶阻力为 400 kN/m 及 600 kN/m 时，基本顶断裂线位于煤壁上方，留巷效果较差，从图中可以明显看出，整个留巷顶板在基本顶作用下沿巷道煤壁平行下沉，对留巷最为不利，如果巷内辅助支护强度不够便极有可能造成巷道顶板沿煤壁直接切断；切顶阻力增加到 800 kN/m 时，基本顶断裂线移到巷旁侧；而切顶阻力增加到 1 000 kN/m 时可以看到采空侧顶板已完全被切落，采空区矸石冒落碎胀后能充满采空区。可见，在薄及中厚煤层条件下，直接顶较薄且岩性较软，基本顶为砂岩等坚硬岩层的煤矿巷道中进行沿空留巷，巷内采用锚索支护，巷旁可以采用强力切顶支架实现有效切顶，但无论切顶阻力增加至多大，实体煤侧肩角皆挤出严重。因此，在无墙体沿空留巷时，必须加强对实体煤帮肩角的控制，以防止沿实体煤侧切顶。

3.2.3.3　巷道围岩应力

(1) 图 3.2.9(a)中横坐标－60～0 m 范围内为采空区，0～4.2 m 范围为沿空巷道，4.2～30 m 范围内为实体煤侧。从图 3.2.9(a)中可以看出在巷内为同样的锚网索支护条件下，基本顶断裂位置由实体煤侧移至巷旁时，巷道直接顶上方基本顶应力有明显降低，当切顶阻力达到 1 000 kN/m 时，基本顶沿巷旁直接切落，切顶上方的垂直应力得到明显释放，相较于切顶阻力较小，基本顶沿实体煤侧断裂时，基本顶垂直应力最大下降幅度达到 99.6%，采空区上方断裂基本顶垂直应力下降为 0。

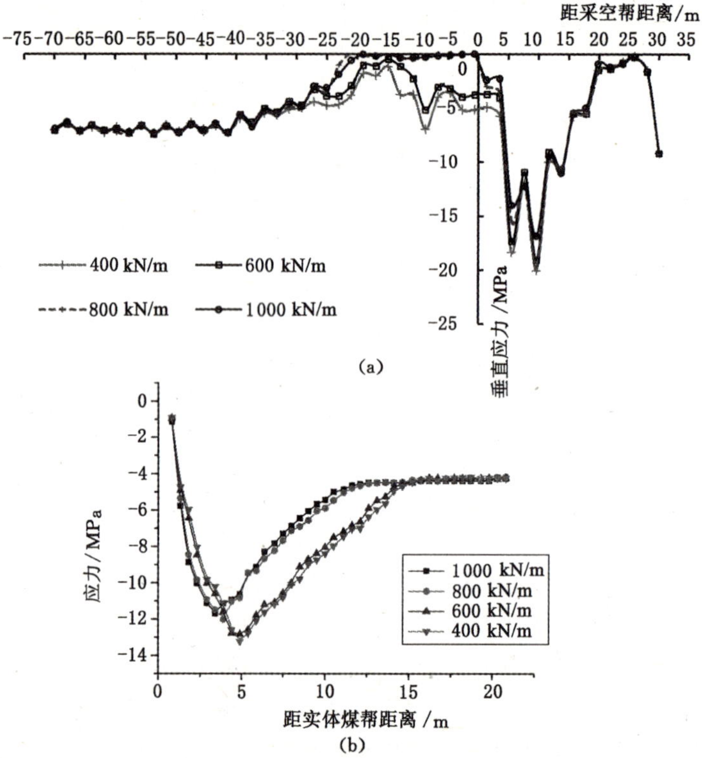

图 3.2.9 不同切顶阻力下留巷围岩应力分布

(a) 基本顶垂直应力分布曲线；(b) 实体煤侧向支承压力曲线

(2) 从图 3.2.9(b)及表 3.2.2 中可知，随着切顶阻力的增加，煤体应力峰值降低。当切顶阻力为 400 kN/m 时，实体煤侧向支承应力峰值位置为 4.9 m,应力集中系数为 2.78;当切顶阻力增加到 600 kN/m 时,实体煤侧向支承应力峰值向巷道方向略微移近,减少为 4.7 m,应力峰值由 13.24 MPa 降低为 12.84 MPa;切顶阻力增加到 800 kN/m 时,采空侧基本顶断裂,实体帮应力集中程度显著降低,支承应力峰值位置由 4.7 m 降低为 3.9 m,峰值由 12.84 MPa降为 12.03 MPa;切顶阻力增加到 1 000 kN/m 时,支承应力峰值位置降低为 3.4 m,峰值降为 11.7 MPa,应力峰值最大下降幅度达到 13.2%,应力集中系数最大下降 0.32。可见增加切顶阻力使基本顶断裂位置由实体煤侧移动至采空侧可有效降低实体煤应力集中程度,降低沿空留巷实体煤控制难度。也就是说相较于沿巷旁侧断裂,基本顶沿采空侧断裂更有利于沿空留巷围岩稳定。

表 3.2.2　　不同切顶阻力实体煤侧向支承压力分布

切顶阻力/(kN/m)	侧向支承压力影响范围/m	峰值位置/m	应力集中系数
400	15.7	4.9	2.78
600	15.2	4.7	2.70
800	14.5	3.9	2.53
1 000	14.1	3.4	2.46

3.2.3.4　巷道围岩变形特征

(1) 由图 3.2.10(a)和(b)可见,沿巷旁切落顶板时,随切顶阻力增大,顶板下沉值及实体煤侧向变形明显减小,靠采空侧顶板最大下沉值由 1 090 mm 减少为 740 mm,降低了 350 mm,下降幅度为 32.1%。可见,巷旁成功切顶可显著改变巷道顶板向采空侧严重倾斜的现象。沿巷旁切落顶板时,实体煤帮靠近肩角处位移由向正值变为负值,说明肩角处实体煤浅部被吸入实体煤内的现象消失。

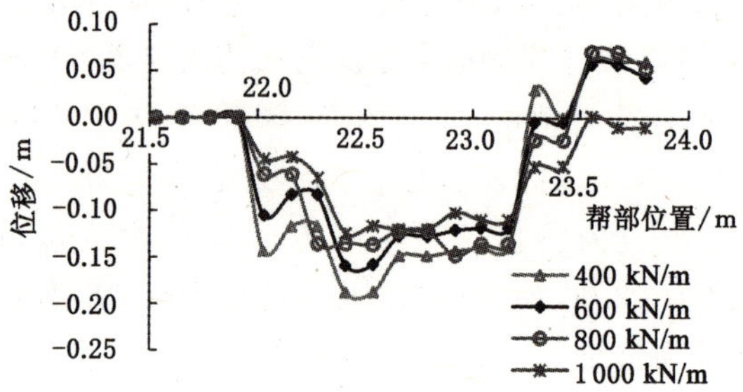

(a)

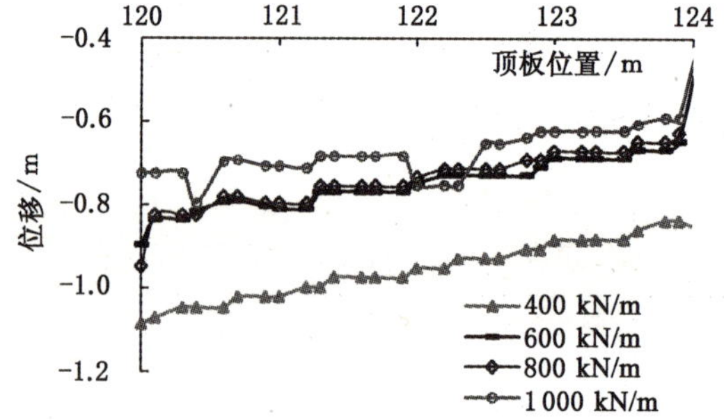

(b)

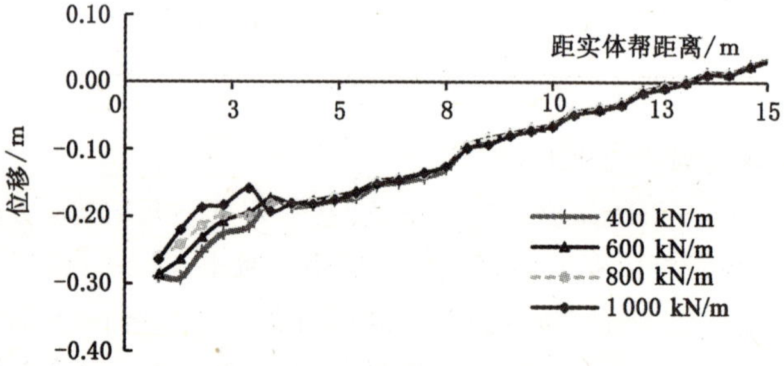

(c)

图 3.2.10　不同切顶阻力下留巷围岩变形曲线

(a) 实体帮侧向变形;(b) 顶板下沉曲线;(c) 实体煤内位移

(2) 由图 3.2.10(c)可知,无墙体沿空留巷实体煤 5 m 以内的浅层煤体向巷内位移变形严重。随着切顶阻力的增加,实体煤壁的浅部位移显著减小。但切顶阻力的增加并未改变实体煤 5 m 以外的深部位移规律,这就为实体煤帮的锚杆索加固提供了依据。

3.2.4 无墙体巷旁切顶留巷围岩塑性区分布规律

研究近距离无墙体沿空留巷切顶过程中受采动影响围岩塑性区发展状态,尤其是塑性区的范围和位置,是进行围岩稳定性分析,实现巷道合理支护设计的前提。切顶留巷塑性区分布规律如图 3.2.11 所示。

模型开挖方向既当作工作面推进方向也可理解为工作面倾斜方向,如图 3.2.11 所示,工作面自切眼开始回采 10 m 时,采空区直接顶悬顶面积逐渐增大,在切顶支架作用下,采空区侧薄层直接顶及上覆砂岩基本顶已发生屈服,实体煤内部在侧向支承压力作用下,塑性区范围逐渐增大;工作面回采 20 m 时,采空侧直接顶及上覆基本顶屈服范围增大,直接顶与基本顶发生大面积离层,实体煤浅部范围内塑性破坏进一步增大,采空侧直接顶已发生拉伸破断,开始沿巷旁切顶支架处垮落,实体煤浅部由于拉伸破坏出现离层;工作面回采 30~40 m 时,采空区直接顶已充分垮落,直接顶上覆基本顶明显下沉,其在采空侧出现明显裂隙破坏,采空侧基本顶破坏点逐渐增加,实体帮塑性区向实体帮上覆顶板延伸;回采到 60~80 m 时,采空侧顶板已完全垮落;回采至 100 m 时,采空侧基本顶已被切落,留巷上覆基本顶岩层开始进入稳定期,采空区矸石逐渐被压实,此过程中,巷旁切顶支架受侧压最大,巷旁切顶单体支架发生明显倾斜,同时实体煤侧塑性范围最大;当回采至 120 m 时,采空区矸石压实,留巷围岩稳定,围岩压力不再变化。

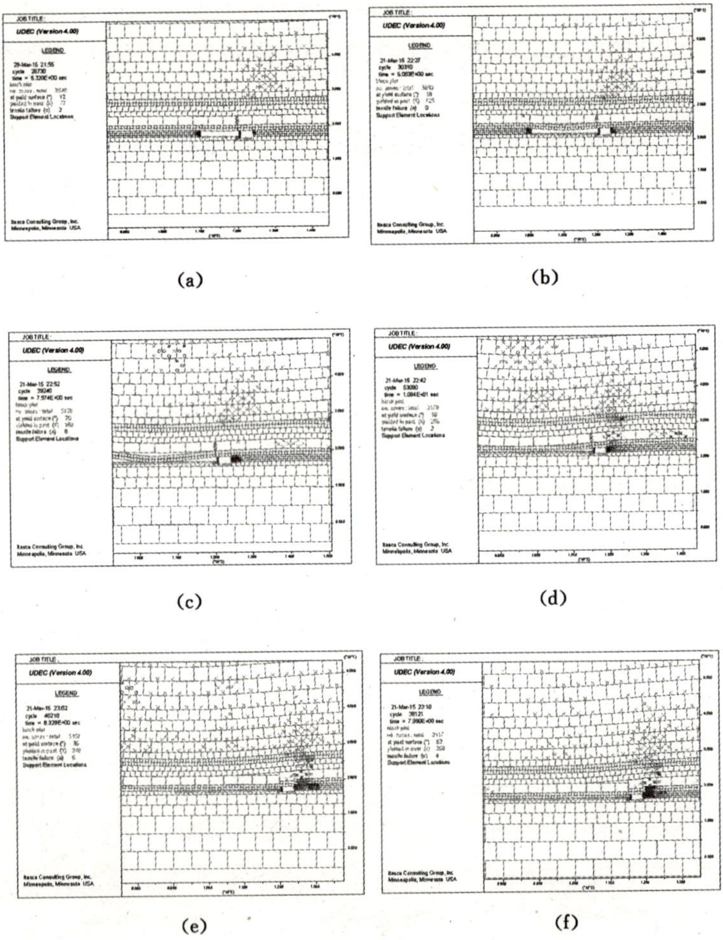

图 3.2.11 切顶留巷塑性区分布规律

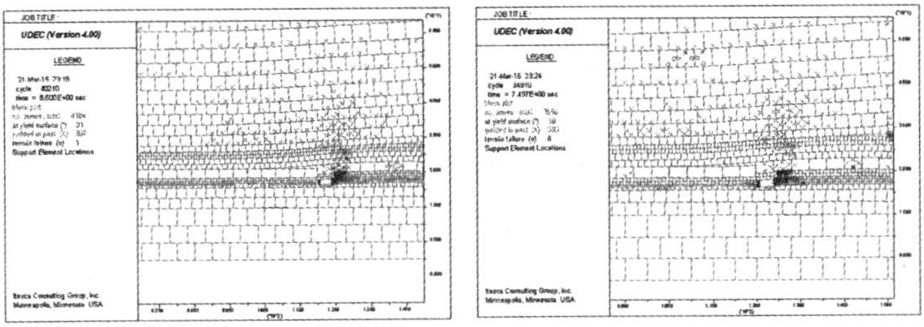

(g)　　　　(h)

续图 3.2.11　切顶留巷塑性区分布规律

(a) 10 m;(b) 20 m;(c) 30 m;(d) 40 m;(e) 60 m;(f) 80 m;

(g) 100 m;(h) 120 m

3.2.5　沿空留巷巷内辅助支撑强度数值分析对比

巷内辅助支撑的强度和顶板的赋存情况在很大程度上决定了近距离无墙体沿空留巷巷旁在留巷期间顶板的稳定性。在顶板赋存条件、巷道高度以及巷旁支护确定的情况下,沿空留巷的成功与否主要决定于合适的巷内辅助支护强度。为得出合理的巷内辅助支护强度,对巷内辅助支撑强度分为 1 排、2 排、3 排单体辅助支护,单体工作阻力为 250 kN,各种支护密度数值示意图见图3.2.12(a)、(b)和(c)。对这三种情况进行多方面的 UDEC 数值模拟对比分析,如图 3.2.13 所示,以期找出合适的巷内辅助单体支护的密度。

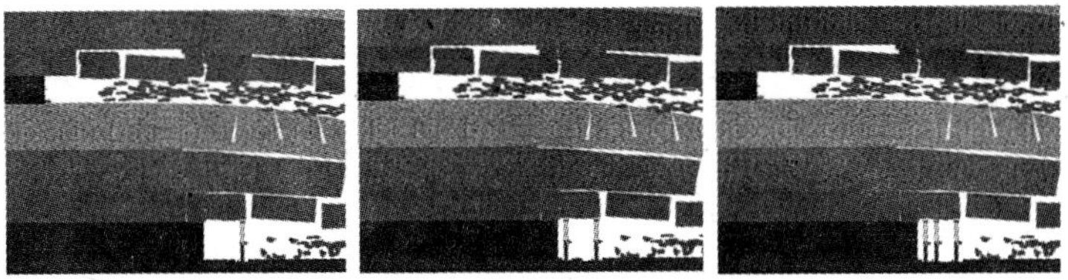

(a)　　　　(b)　　　　(c)

图 3.2.12　不同巷内辅助支护密度示意图

(a) 1 排单体;(b) 2 排单体;(c) 3 排单体

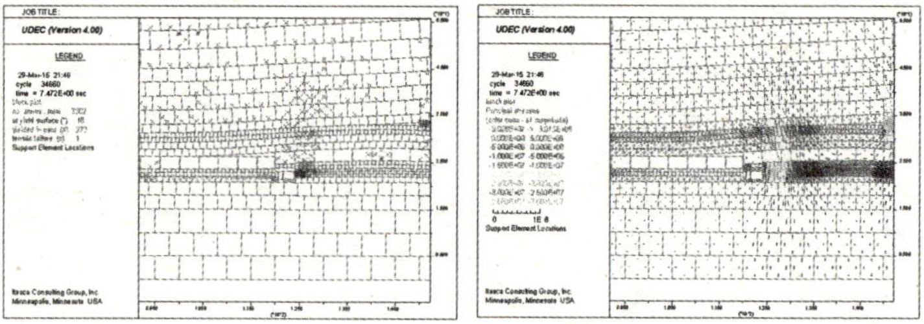

(a)

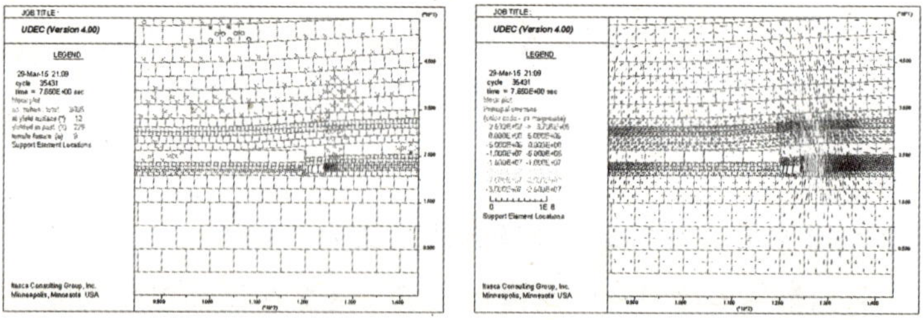

(b)

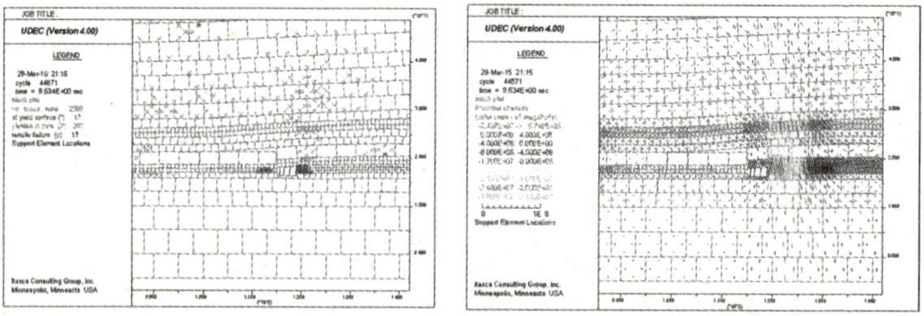

(c)

图 3.2.13 不同巷内辅助支护密度数值模拟效果图

(a) 1 排单体;(b) 2 排单体;(c) 3 排单体

3.2.5.1 巷道变形分析

由图 3.2.14 中可以看出:

(1) 当巷内辅助支护由 1 排单体换成 2 排单体时,无论是实体帮变形还是顶底板变形、单体支柱变形都出现显著的减小。巷

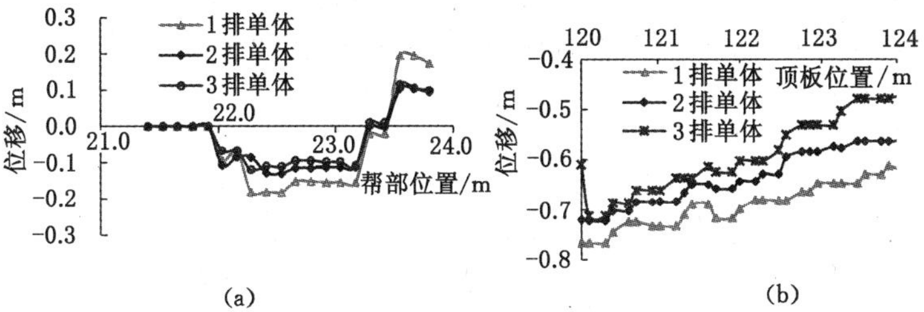

图 3.2.14 巷道表面收敛

(a) 实体帮位移;(b) 顶板下沉

内辅助支护由 2 排单体换成 3 排单体时,巷道变形减少量并不明显,这是因为巷道整体稳定性已显著提高。

(2) 三种支护形式下煤帮最大变形处于巷帮中部,煤帮上部皆向实体煤方向移近出现正值,该处巷帮浅部围岩压缩严重,浅部围岩被倒吸入实体煤内,留巷期间实体帮肩角必须加强支护,防止无墙体沿空留巷顶板沿实体煤帮切落。

(3) 120 m 为采空侧边界,在 1 排、2 排以及 3 排单体支护下,采空侧最大下沉量分别为 0.77 m、0.72 m 和 0.61 m,变形严重,可以看出无论如何增加巷内辅助支护强度都无法改变留巷顶板向采空区倾斜的现象。

3.2.5.2 巷道顶板应力

由图 3.2.15 可以看出,顶板 3 m 范围内,垂直应力急剧增大,超过 5.5 m 范围以后,顶板垂直应力降至 2.65 MPa 左右后维持不变。分析原因为,顶板 5.5 m 以后进入 2 煤采动损伤区域,造成应力低于原岩应力。随着巷内辅助支护密度由 1 排变为 2 排,顶板 3 m 范围内,垂直应力增加,支护密度由 2 排变为 3 排,顶板应力增加幅度较小;距离留巷顶板 3 m 范围以外时,垂直应力并未随支护强度的增加发生改变,巷内辅助支撑密度的变化对留巷顶板的应力影响较小。但巷内辅助支撑单体仍然发挥了良好的支撑作用,将支撑力传递到顶板岩层,抑制了留巷顶板的下沉,保持了留巷顶板的完整性。

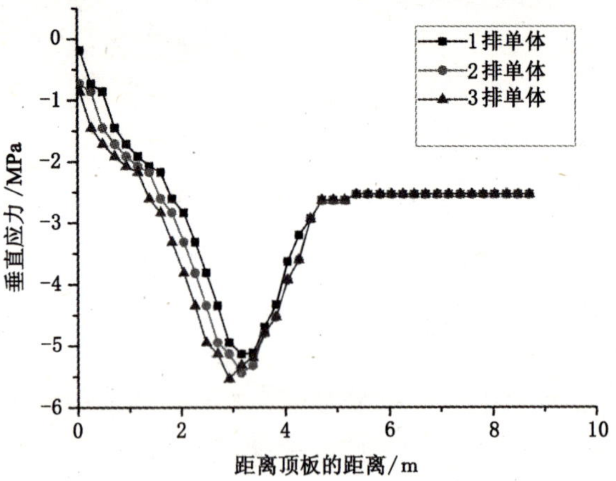

图 3.2.15　巷道顶板应力对比曲线

3.2.5.3　巷道顶板基本顶下沉位移

图 3.2.16 中横坐标－60～0 m 范围内为采空区,0～4.2 m 范围为沿空巷道,4.2～16 m 范围内为实体煤侧。巷内辅助支撑强度由 1 排变为 2 排单体时,沿空留巷巷道上方基本顶下沉值有显著变小趋势。当巷内辅助支护单体由 2 排变为 3 排时,采空区范围内由于顶板的充分垮落,采空区上方基本顶下沉量减少极为微小。实体煤侧基本顶由于实体煤的支撑,基本顶下沉量基本无变化,而采空侧基本顶由于工作面开采后巷旁支架切顶及时,直接顶充分垮落,巷内辅助支护密度的变化并未导致基本顶下沉量的变化。

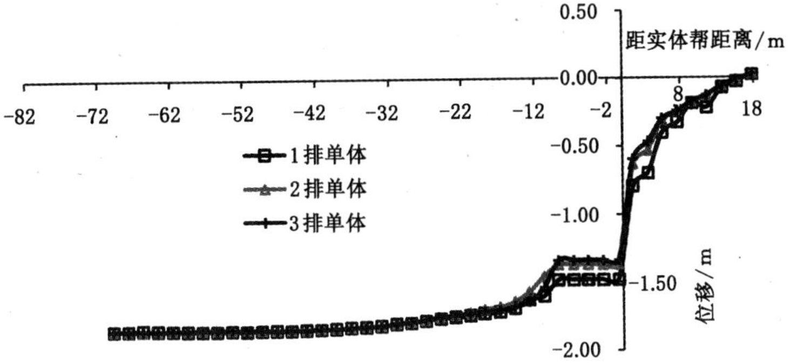

图 3.2.16 基本顶下沉曲线

3.2.5.4 实体煤侧向支承应力及变形

3.2.5.4.1 实体煤侧向支承应力

由图 3.2.17 可知，当支护强度增加时，实体煤壁侧的垂直应力峰值位置以及超前支承压力影响范围基本保持不变，大致维持在 4 m 以及 14 m 的位置，应力峰值亦无变化，而水平应力却有显著的变大趋势。虽有切顶支柱承受了上方顶板的集中应力，但近距离无墙体沿空留巷实体煤帮浅部应力集中程度较高，巷内单体支护密度的增加无法改变实体帮侧向支承压力的影响范围及应力集中程度，煤壁深部侧向支承应力也并无改变。可见对于无墙体沿空留巷，实体煤帮浅部围岩的控制尤为重要。

3.2.5.4.2 实体煤侧向位移

由图 3.2.18 可知，距煤帮 10 m 以外的煤体几乎没有位移，6 m以内的浅层煤体向巷内位移变形严重。巷旁切顶式沿空留巷，巷道实体煤侧向位移随巷内辅助支撑强度的增加而减小，当巷内辅助支撑强度由 1 排单体变为 2 排单体时，实体煤壁的浅部位移显著减小；单体密度由 2 排增加到 3 排时，实体煤壁浅部位移的减少量并不明显。这说明实体煤壁的变形也具有“给定变形”的特

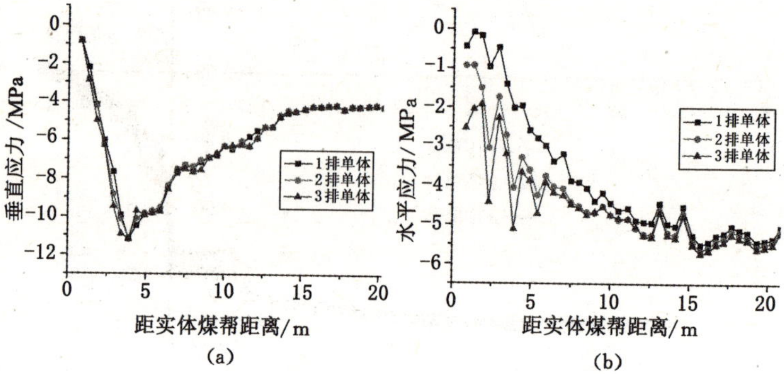

图 3.2.17 实体煤侧向支承应力

(a) 垂直应力;(b) 水平应力

点,当巷内辅助支撑达到一定强度后,继续增加巷内辅助支撑强度,实体煤壁浅部位移几无变化。

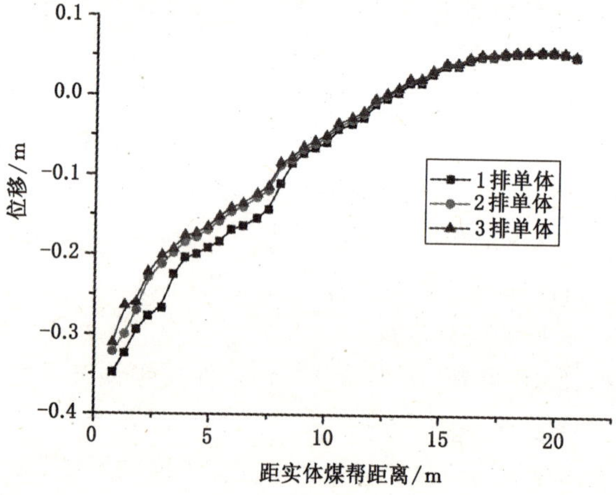

图 3.2.18 实体煤侧向位移

通过上文分析，可见沿空留巷巷内辅助支护密度存在一个最优值。当巷内辅助支护密度过小时，留巷顶板下沉及实体煤帮浅部位移较大。但是当巷内辅助支护密度达到一定值后，留巷顶板下沉及实体煤帮浅部位移并未显著减少，虽然这时沿空留巷效果稍好，但是过大的巷内辅助支护密度严重影响巷道空间及通风，同时增加留巷成本。巷内辅助单体支护密度只要达到一定的合适值，同时加强对实体帮及实体帮肩角的控制便可。老母坡矿 3109 运输平巷留巷条件下巷内辅助支撑合理密度确定为 2 排单体。

沿空留巷期间，单体支柱经历了超前支承压力的影响，个别单体支柱会发生泄液甚至压折等明显破坏，从而失去支撑作用，如果没有及时更换单体，将严重威胁留巷顶板的稳定性。如果单体支柱被压垮而破坏，整个巷道便有发生推垮的危险。在留巷及复用期间，必须加强对巷内辅助支撑单体的维护，从而保证顶板在回采过程中的稳定，成功留巷。

3.3 本章小结

本章运用弹塑性理论推导了采场底板的屈服破坏深度；运用矿压理论及材料力学，对采空区下留巷顶板受力、破断位置及破坏再平衡过程进行了探讨，分析确定无墙体沿空留巷的适用条件，而后利用 UDEC 数值模拟，建立了切顶沿空留巷的数值计算模型，通过对不同切顶阻力和不同巷内辅助支护密度数值计算，得出以下结论：

（1）通过对国内无墙体沿空留巷的成功案例进行归纳总结，分析了无墙体沿空留巷适用的地质条件为：中等稳定的顶板、浅埋薄煤层及中厚煤层以及煤层倾角不大、瓦斯等有害气体含量低。巷内巷旁支护必须相互协调，巷内支护必须使用有较高强度和快速增阻特性的主动支护，实施沿空留巷巷内单体支护和巷内锚网索联合支护，巷旁支护具有适当的双向承载性能的同时要具有较大的可缩性能，同时具有一定的抗侧压性能。

(2) 分析了下伏采空区下留巷顶板及其载荷特征，根据散体压力拱理论，将留巷顶板受力处理为拱高为 h 的矩形均布载荷，求得留巷顶板上的竖向载荷集度；同时依据老母坡煤矿下伏巷道顶板存在单层基本顶的结论，运用材料力学理论计算得到最大弯矩分别发生在实体煤端和巷旁支护体端，基本顶破断易发生在巷旁支护体处或实体煤处。

(3) 分别计算了基本顶沿巷旁支护体处或实体煤处断裂后对留巷基本顶的再平衡机制，并分析得出留巷侧向顶板断裂的最优力学形态为在煤帮尚为固定边界时，侧向顶板沿巷旁支护体外侧断裂巷内受力较小，对沿空留巷最为有利。

(4) 在薄及中厚煤层，直接顶较薄且岩性较软，基本顶为砂岩等坚硬岩层的煤矿巷道中进行沿空留巷，巷内采用锚索支护，巷旁采用切顶支架进行切顶时，随着巷旁切顶阻力的增加，基本顶断裂线由实体煤侧转移到巷旁侧，切顶阻力增加到 800 kN/m 时，基本顶已沿巷旁侧断裂，而切顶阻力增加到 1 000 kN/m 时采空侧顶板已完全被切落。

(5) 工作面回采 20 m 时，直接顶与基本顶发生大面积离层，采空侧直接顶发生拉伸破断；工作面回采 30～40 m 时，采空区直接顶已充分垮落，直接顶上覆基本顶在采空侧出现明显裂隙破坏；回采到 60～80 m 时，采空侧顶板已完全垮落；回采至 100 m 时，留巷上覆基本顶岩层开始进入稳定期，采空区矸石逐渐被压实。

(6) 沿空留巷巷道实体煤壁浅部位移和顶板一样都有“给定变形”的特点。不同的巷内辅助支护密度只对顶板及实体煤帮部附近的应力分布状况有影响，对于远离巷道的围岩深部的地方几无影响。

4 近距离煤层无墙体沿空留巷围岩控制关键技术

4.1 沿空留巷的围岩控制技术原则

不同的矿区巷道支护的条件、支护难度和原因不同，单纯由于深度增加导致的支护难度增加只是其中的一类。大量的工程实践表明支护困难常常主要不是由于绝对深度大造成的，更多的是由于软弱围岩赋存条件、采动影响、支护的效能差及整体支护强度偏低的综合作用造成的。如何有机地结合超强锚杆、注浆加固、锚注技术、U 型钢改良及壁后充填技术，进一步丰富高性能锚杆强化技术，并解决遇到的新支护难题成为关键。沿空留巷巷道围岩控制的“两阶段留巷技术”路线内容如下：

(1) 掘巷期间：① 必须采用以锚杆强化支护体系为基础的主动高效控制系统，一次支护最大化，严格按照第 2 章所得预应力锚固参数施工。② 分类加固。一条巷道的顶底板岩性及岩层厚度不可能是始终如一的，根据巷道不同的顶底板岩性进行有针对性的支护设计，既能保证控制围岩变形效果，又能实现支护材料的利用最大化，节省材料量。分类加固一直是作者课题组进行巷道支护设计的基本原则。然而本设计进行时，矿方未能提供详尽的地质资料，因此本设计只能以煤层综合柱状图、煤层顶底板岩性及岩层均厚为基础，进行宽泛的设计。

(2) 留巷前必须对巷道顶区(包括巷道及两侧煤帮一定范围

内顶板)进行加固处理。

(3) 巷道辅助补强采用单体液压支柱配合铰接顶梁方式。

(4) 减少工作面支架数目,超前预开缺口,增大不放煤的支架数目。留巷工艺系统应和综放工艺及装备选择合理匹配。

(5) 采用两阶段留巷技术,及时巩固后期的补强加固措施。

(6) 矿压观测及留巷监测工作应有针对性和指导性。

4.1.1 巷道围岩强化控制技术

复杂条件下的软岩支护实践证明,采用传统的U型钢可缩支架支护、普通高强树脂锚杆支护和喷层相结合的支护、锚架联合支护等都不能有效控制动压软岩巷道围岩的长时变形。近年来,中国矿业大学张农课题组提出的巷道围岩强化控制技术和动态分步施工控制技术则显示了很强的适应性,较好地解决了该类问题。巷道围岩强化控制技术包括三个强化:锚杆支护承载性能强化、巷道破裂围岩体强度强化和围岩承载结构强化。

4.1.1.1 锚杆支护承载性能强化

典型的支护围岩特性曲线如图4.1.1曲线1所示,巷道围岩压力随围岩变形而急剧衰减,适当滞后支护可以释放一定的围岩压力,但支护的滞后常常产生松动变形,通过及时安装的高预拉力锚杆提供初期的支护阻力消除掘巷煤岩体松动变形,通过高刚度的护表材料及锚杆附件,促使锚杆在后续围岩变形过程中实现高增荷特性,很快达到高的工作载荷,限制后续的围岩变形;锚杆工作载荷如图中曲线4所示,实现了及时、高初锚力、高增荷特性,进而达到高工作载荷,可以控制巷道在掘进期间的变形;锚杆工作载荷如图中曲线3所示,锚杆施工安装时间滞后一些,增荷速度低一些,最终形成的工作载荷也有降低,掘巷期间的围岩变形就大一些,这是目前支护实践常见的现象;锚杆工作载荷如图中曲线2所示,支护在围岩充分松动变形以前不起作用,壁后很空、和围岩接触不好的U型钢支护类似这种状况,掘巷期间围岩变形很大,顶板松动、离层，极易出现冒顶，常常需要先期注浆固结顶板区域，施工难度大，巷道变形严重。

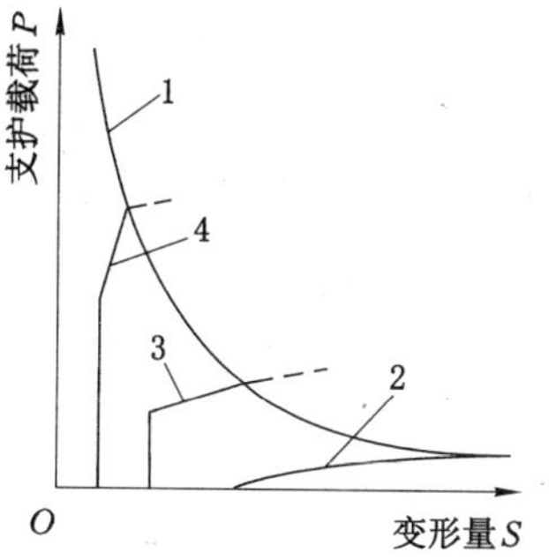

图 4.1.1 支护阻力与围岩径向变形关系图

1——典型的支护围岩关系曲线；2——传统支护特性曲线；
3——高强锚杆支护特性曲线；4——“三高”锚杆支护特性曲线

因此，锚杆支护技术的发展已经不再单纯强调锚杆的强度，综合强化锚杆支护的承载特性是锚杆支护的发展方向，其本质是促使其锚杆支护特性曲线具有及时早强速增阻的特性。重复采动高地应力软岩巷道要实现长期安全维护和稳定，对掘巷阶段变形提出了更高的要求，必须实现图 4.1.1 中曲线 4 的工作特性曲线，即以高强锚杆为基础、以高预紧力为核心的“三高”锚杆支护。

(1) 高预拉力：锚杆预拉力(或称初撑力)是安装锚杆之初对围岩表层岩体提供的主动约束力，其大小对顶板稳定性具有决定性的作用。当巷道周围层状岩体受到采掘工程影响后会产生两方面的反应：一是由于各个岩层的刚度不同产生沿垂直层面方向上的离层膨胀；二是沿层面方向的相对剪切滑移。如果支护不力巷道就会产生两种变形，即巷道围岩的结构变形和岩层的松动扩容变形。理论和实践观测表明，结构变形通常占整个变形的 40%，而松动扩容变形则占整个巷道变形的40%。巷道的开挖使得围岩原始应力场遭到破坏，围岩自身的自组织功能使得围岩相互影响和作用，岩层发生一定的结构变形是在所难免的，这种结构变形只要发生在一定的范围和尺度内，围岩整体结构稳定就行，这种结构变形可以通过锚索和桁架支护技术得到控制。而岩层的松动扩容变形主要发生在巷道浅部围岩，是由于卸荷作用造成的，如果得不到及时有效的支护这种扩容变形将很快演变为围岩的破裂和垮冒，只有提高围岩的初始支护强度这种松动扩容变形才能得到有效控制。当预拉力大到一定程度时，锚杆长度范围内的岩体松动变形得以消除，同时被加固的岩体向纵深产生不断放大的约束作用，改善巷道周边围岩应力分布，提高其稳定性。重复采动高地应力巷道围岩受水平应力作用，巷道表面的剪切破坏是不可避免的，而预拉力锚杆可以有效提高围岩整体的抗剪强度，阻止其破坏向纵深发展，并形成预应力结构。

有学者研究指出，当锚杆的预紧力达到70～80 kN时，围岩的浅部松动基本可以消除。本书研究认为，当锚杆的初始支护强度小于0.1 MPa时，松散变形随初始支护强度的增大下降曲率很大；初始支护强度介于0.1～0.3 MPa时，松散变形随初始支护强度的增大下降曲率相对减小，但仍在明显下降；而当初始支护强度超过0.3 MPa时，松散变形已很小。由此可见，围岩的初始支护强度应达到0.3 MPa，通常只有采用高预拉力的锚杆支护才能实现。按照目前锚杆的间排距布置方式，每根锚杆的预紧力应在100 kN左右才能保证实现这个效果，而目前大多数情况下锚杆仅有20～30 kN的预紧力。深部软岩巷道在掘进完成后变形量就达到300～600 mm，已有大范围松动破坏，长期维护难度大大加强。

(2) 高刚度：保持初始工作载荷则依赖于护表材料的性能，锚杆载荷向围岩的扩散和增荷速度依赖于增大护表构件的刚度和强度，因此护网、托盘和钢带的抗变形能力必须进一步加强，并适应强动压影响，达到高增阻限制变形的工作状态。高强塑网、钢塑复合带、冷拔电弧网等高强度、高刚度护表材料可以解决软弱岩体的网兜现象，提高支护结构的整体稳定性，防止锚杆松弛、锚固失效。

(3) 高强度：由于强烈地应力作用，高预拉力锚杆载荷增加很大，杆体及配套螺母、托盘强度必须适应大变形的特点；在高预拉力的基础上，进一步实现高阻让压的工作状态，限制围岩变形。

4.1.1.2 破裂围岩体强度强化

重复采动软岩巷道围岩强度一般都较低，开挖以后必然产生一定程度的破坏，浅部的围岩处于低围压破裂状态，承载能力很低，在根本上决定着巷道围岩的稳定性，只有对巷道周围低围压破裂岩石进行有效加固，才能提高巷道围岩的承载能力和稳定性，通常采用锚杆和注浆两种加固方式。

(1) 锚杆加固。围岩强度强化原理揭示了锚杆支护对锚固范围岩体峰值强度和残余峰值强度的强化作用以及对锚固体峰值强度前后的δ、E、C等力学参数的改善，分析了锚固体强度强化后对巷道围岩塑性区和破碎区的控制程度。

在巷道周边低围压条件下，岩体强度随围压的逐步增大而呈急剧增长趋势，所以，要想提高破碎岩体的承载强度，就必须增大其围压，从岩层内部增大其承载能力。相对被动作用的U型棚支护，主动作用的锚杆支护就是早期快速增大围压的最有效方式。在破裂岩石中安装锚杆之后，改善了破裂岩体的应力状态，其承载性能明显增大。破裂岩体中采用锚杆加固具有几个方面的作用：从结构面剪切破坏角度分析，锚杆加固具有抗剪阻滑的作用；从脆性断裂强度理论分析，它具有降低裂隙间应力强度因子，阻碍裂隙扩展的作用；从节理岩体的岩桥强度理论分析，它具有增强节理岩体的裂隙前缘岩桥的断裂韧度的作用，使裂隙断裂扩展力不仅要克服岩桥的阻力，还要提供锚杆索的桥联作用，因而阻止了裂隙进一步扩展和贯通。

(2) 注浆加固。破裂岩石表现出明显的结构效应,在滑移变形过程中破裂岩石产生显著的剪胀现象,随时间延续表现为强烈的体积膨胀。在高地应力作用下,开掘导致的应力状态转化过程(由三维向二维转化)中巷道岩体大范围破坏,同时巷道轴向约束并未因开挖而产生较大改变,这就导致了破裂岩体向巷内自由面变形,破裂后围岩主要受结构面控制,表现为沿结构面向低约束方向的滑移,因此巷道易发生顶帮冒落和底鼓。另一方面破裂岩体在低围压下强度低、变形大,对深部围岩的约束压力也较小,高地应力或动压作用下深部岩体进一步破坏,形成渐进破坏的动态循环,变形持续扩大,因而破裂岩体性质决定了高地应力软岩巷道的大变形特征。

注浆固结体较破裂岩体强度和抗变形性能明显提高,因此在掘巷导致的围岩破裂圈基本形成后,对其进行注浆加固,可以大大提高围岩承载力,改善围岩稳定性,同时注浆固结体良好的适应变形的能力使其在相当大的变形范围内保持承载能力。实践表明,适时滞后注浆控制围岩效果显著,但由于水泥类材料与岩体的低黏结性能,注浆固结体并未从根本上改变破裂岩体的力学性能,它们的破坏形式和变形性能与含弱面的裂隙岩体类似,固结体强度较完整岩石仍相差较大。掘巷后即开展注浆不仅由于围岩破裂不充分,渗透性差而导致注浆困难,同时高地应力场中强烈的围岩应力调整也会将固结岩体破坏而失去加固作用,即注浆固结体的承载和变形能力仍是有限的,常由于采动影响和工程扰动而遭到破坏。因而,利用注浆加固技术能够在一定程度上控制巷道围岩变形,但必须把握滞后注浆时机,并与其他支护技术相结合。

4.1.1.3 巷道围岩承载结构强化

(1) 顶板的安全控制:通过高性能预拉力锚杆的高张拉力支护,完全克服松动岩体的自重,阻止了围岩的进一步松动,消除岩体松散变形，改善锚杆增阻性能，提高锚杆的支护效能；小孔径预拉力锚索则可以充分利用深部围岩的强度和稳定性，增大锚固范围，削弱层状顶板的剪切破坏作用，消除顶板的渐次离层和垮冒；利用巷道的特殊围岩结构和帮角稳定围岩区，采用小孔径预拉力钢绞线桁架系统强化顶板承载结构，确保顶板结构稳定。

(2) 弱化区的补强：重复采动高地应力软岩巷道在层状岩层内掘进，由于赋存的不均匀性、穿层地段、软弱夹层等，巷道四周客观上存在弱化区，必须针对性补强，减弱或控制这些区域的松动变形破坏，维护巷道围岩的整体承载性能。

(3) 关键承载区的加强：在重复采动高地应力区开挖巷道，在采动应力场、湿度应力场和岩体结构的共同作用下，围岩由整体性压缩向局部性扩张转化，直到新的动态平衡，这些局部性扩张转化的区域就是关键承载区，比如顶板的中部、不规则断面的高帮中上部位等等。在这些关键承载区的动态变化过程中，巷道围岩力学行为和各个方面均表现出相应的特殊而复杂的特征。必须强化关键承载区的支护强度，促成支护围岩整体承载结构的形成或强化，以多层次的联合支护来实现支护体和围岩间的主动和动态的相互作用。

根据上述思想，形成如下几个关键技术手段：

(1) 高性能超高强锚杆：采用Ⅳ级锚杆专用螺纹钢加工而成的高性能锚杆，抗破断强度更高，支护刚度更大，限制变形更加有力，针对软岩急剧膨胀扩容产生的高应力控制效果会更好。

(2) 大托盘：单点锚杆采用新型大托盘(尺寸为 200 mm×200 mm)、单点锚索采用 400 mm×400 mm 的大托盘，增大护表面积，减轻目前所用的普通小托盘与围岩局部小面积接触而产生的点载荷作用，防止围岩挤压破损，将对松散层裂破碎岩体起到较好的维护效果。

(3) 新型阻尼螺母：能提供较大扭矩，与高性能预拉力锚杆配套，提高锚杆安装过程的可靠性，保证支护系统整体安全可靠。

(4) 高预紧力：采用 MOS-90J2 型气扳机可以实现锚杆 8～10 t的高预紧力，有效增加锚杆对巷道围岩支护初期的控制作用，提升锚杆支护的作用级别。

(5) 控底锚杆和锚索：在围岩变形速度趋于稳定后，在巷道帮角及围岩破碎部位采用锚索加强；断层群及构造应力集中区则需要进一步处理底板并加固。在围岩变形速度趋于稳定的巷帮下部靠底板施工锚杆和锚索，可有力调动底板深部岩层的承载性能，同时使得帮、底围岩相互联系起来，有效控制底鼓。

(6) 拱形支架的帮部锁腿梁：为防止帮部的大变形，在 U 型棚支护基础上，采用锚索或长锚杆结合槽钢梁在合适位置进行锁棚，并及时喷射混凝土后进行注浆壁后充填，改善拱形支架抗侧压低的弱点，有效控制帮部变形，并大大提高拱形支架的承载能力。

(7) U 型钢封闭支架结合壁后充填技术：在巷道施工及变形调整过程中，底板是最大的自由面，起到释放压力、调节变形的作用。当帮顶支护围岩结构趋于稳定后，处于自由状态的底板将会出现失控的变形，并影响到帮部的稳定，巷道无法实现长期维护。因此，必须在合适的时机对底板开展有效加固，并与帮顶形成互相约束统一的承载结构。具有较高承载能力的反拱结构无疑是最好的形式，通常采用锚注加固底板岩体形成拱形圈、人工预制拱形梁或 U 型钢封闭支架结合壁后充填技术。

(8) 全螺纹锚杆：利用覆盖锚杆体上的大螺距梯形螺纹，通过配套的螺母，作用在托盘上，可以实现在杆体全长范围内预紧，从根本上解决了原来各类金属锚杆由于螺纹段加工长度有限而造成部分锚杆无法预紧，只能重打的问题，特别是在松软破碎煤层和巷道的修复加固施工中，更具明显的优势。

4.1.2 动态分步施工控制技术

强化支护是在高阻让压的支护原则下分步实施，分步实施过程中让压变形。

4.1.2.1 动态分步施工控制原理

(1) 巷道维护是支护结构与围岩结构相互作用的过程，其变形与破坏不仅表现为岩石材料的变形破坏，更主要的表现为整体结构的变形与失稳。软岩结构力学效应在工程中占主导地位，控制并允许有限制的围岩变形，并保持围岩结构的稳定，通过预留空间来满足工程需要是支护的唯一目的。现代支护理论很强调在巷道围岩变形与稳定过程中，通过支护的作用改善围岩的力学性能，强化支护围岩结构，达到稳定围岩、限制变形的目的，实现主动支护，以最经济的方式满足工程要求。

(2) 岩体结构和地应力是客观存在的，对特定的工程而言，巷道围岩条件选择的余地很少，而支护及工程施工对巷道围岩稳定性的作用则具有主观性，属于能动的因素。复杂岩体的施工与维护是一个非线性的力学过程，其稳定性与支护路径有关，有必要运用动态规划原理进行科学的分析，根据岩体及工程特点合理运用支护技术和施工方法。

(3) 随巷道开挖围岩的赋存状态是动态变化的，是围岩强度不断降低的动平衡过程；在这个过程中巷道围岩总能保持一定的自稳能力，但随其内部结构和外部约束的变化而消长。通常受采动影响的软岩巷道围岩变形和破坏表现为明显的阶段性特征，各阶段的力学性能和强度变化规律各不相同，动态监测巷道围岩的变形和强度弱化过程，针对性地采取加固补强措施和分阶段加固补强措施，可以较好地维护围岩稳定，形成互相促进、互相补强的有机组合结构，避免各个击破，实现经济支护。

(4) 不同支护技术的组合、同一支护的不同加固时机对巷道围岩的变形和稳定有不同的影响，应当优化组合；开挖与支护方式、支护时机的不同组合导致的围岩变形和破坏应该是不同的。支护选型应以充分利用和维持围岩自稳能力，强化围岩支撑结构为标准，优先选择主动加固方式的支护技术，包括柔性喷层、高性能预拉力锚杆支护、新型高性能材料围岩注浆加固等。

4.1.2.2 过程控制技术

软岩巷道围岩强度弱化和破坏是围岩变形甚至结构失稳、巷道垮冒的根源，并表现出阶段性特征，图 4.1.2 是按动态支护原理采取分步加固技术时，典型巷道围岩移近速度的变化趋势图。

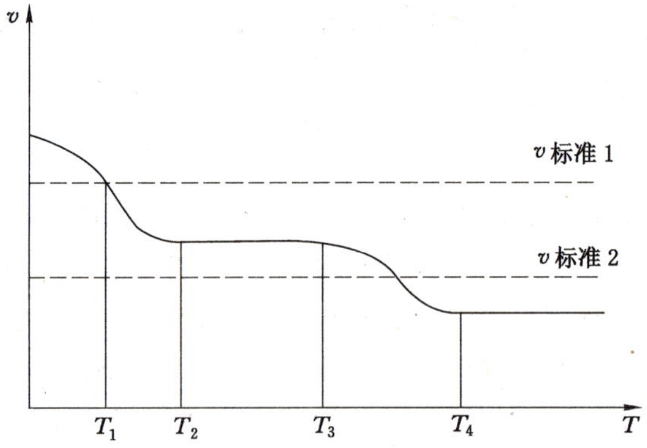

图 4.1.2 典型巷道围岩移近速度变化曲线图

图 4.1.2 中，T_1 是掘进影响期间围岩移近速度趋缓的拐点；T_2 是掘进影响结束，巷道围岩变形趋于稳定的时间点；T_3 是采取进一步加强支护措施后，围岩移近速度进一步降低的时间点；T_4 是加强支护后巷道围岩变形在更低的水平趋于稳定的时间点。两条标准速度线是参考值，当工程服务期短，稳定速度只需要达到标准 1 时，后续的加固技术一般不必实施；当巷道工程服务期长，需要更低的变形速度(标准 2)时，则必须进一步实施分步加固技术。

掘巷初期围岩主要表现为张剪复合型的卸荷破坏，强度的弱化主要有两个原因：① 应力状态的变化，由三维向二维转化。② 开挖导致的周边应力集中，在卸压和主应力调整过程中产生较大的主应力差，导致浅部围岩的剪切破裂，逐渐形成破裂圈；随后的一段时期围岩处于相对稳定的平衡状态，并继续变形，围岩物化性质受水气侵蚀，经过一段时间的变形积累，支护围岩结构的平衡趋于极限状态；围岩受环境影响长时强度进一步降低，周围采掘工程产生的应力扰动、直接的采动影响等因素破坏了第二阶段的相对平衡，围岩加速变形，直至支护失效。因而优良的巷道支护应针对围岩破坏和强度弱化原因分阶段加固：

(1) 随掘巷及时封闭围岩并补偿径向阻力。

(2) 随巷道初期围岩剧烈变形，浅部围岩的破坏主要是应力调整过程中产生的剪应力，在这个动态的调整过程中，提供横穿结构面的岩块、区域间的剪切阻力，阻止破坏的发生，适时提高围岩的剪切强度。

(3) 破裂圈形成以后，围岩处于低侧限约束下的破裂状态，宏观裂隙大量产生，帮角等剪切破坏区裂隙发育，承载结构大大弱化，岩块多为点线接触，强度全面降低，此阶段需全面提高围岩强度，主要是削弱宏观裂隙的不利影响，改善结构面(主要是破裂面)的力学性能，对关键破坏部位补强，使其整体承载结构稳定性能大幅度提高，并实现长期稳定。

由此可确定优先选择具有如下特点的支护形式：

(1) 直接作用于周边浅部围岩，针对破坏特点、强度弱化的原因及时有效地采取加固措施。

(2) 在巷道围岩的变形过程中维护，在不同阶段分别采取"护""让""支""限"技术，以适应围岩的变形特征，并最大限度地利用围岩的自承能力，实现围岩稳定。

(3) 主动加固并直接改善围岩破裂体力学性能，以最大限度地提高围岩的承载能力，促使围岩形成整体结构。

(4) 由于构造应力的方向性、岩体赋存的不均匀性和分层性，巷道周围会出现一些薄弱部位，应及时采取主动支护手段，有效地强化这些关键部位。

4.2 厚硬顶板稳定性控制与沿空留巷关键因素

4.2.1 厚硬顶板稳定控制技术

对于顶板随工作面回采能及时垮落的矿井，巷旁支护提供足够支护阻力即可切落采空侧顶板，而对于上覆厚硬顶板采用沿空留巷工艺的开采矿井，为实现工作面后方顶板即时垮落，避免大面积悬顶，需采取一定的措施，及时切落或弱化顶板以满足沿空留巷需求，第一类是切顶卸载技术，第二类是顶板强度弱化技术。

4.2.1.1 切顶卸载技术

切顶卸载技术分为主动切顶和被动切顶两类。为了避免顶板在采空区内的悬顶，又使得顶板在巷道外侧的采空区内破断，而采用一些技术手段将巷道靠采空区一侧的顶板切落下来。垂悬顶板一端以巷帮煤壁为支撑，另一端则由下往上按岩层断裂角断裂垮落，形成有效保护巷道的“悬臂梁”组合结构，巷内支护的作用在于保持直接顶的完整性，尽量减小直接顶岩层间或直接顶与基本顶间的岩层离层。

4.2.1.1.1 主动切顶

主动切顶一般采用聚能爆破手段，将巷道采空区一侧的顶板沿走向切落，分为采前切顶和采后切顶。采后切顶是指在工作面后方，沿巷道采空区侧，采用爆破手段放顶，使悬露的直接顶板切落下来。所谓采前切顶是指为使采空区内的顶板在自重及采动影响作用下沿预裂爆破形成的弱面切落下来，而在工作面前方运输巷内，沿巷道靠采空侧的顶板在走向上形成一条贯通的有一定深度的预裂爆破裂缝。相比而言，采前切顶效果会更好，原因在于采前预裂爆破时，顶板基本完整且尚未受采动影响发生横向移动剧烈离层，随着回采的进行，顶板能及时切落并消除对巷内支护体的多余载荷，巷内顶板变形和受力小。

4.2.1.1.2 被动切顶

所谓被动切顶就是使采空区侧的顶板因受拉剪式破坏而切落下来，而利用急增阻、高刚度、高承载力的巷旁支护体对即将垮落的巷旁顶板提供一个较大的切顶阻力。这种切顶方法操作简单但效果不好，原因如下：

一是对于沿空留巷工作面巷道变形量增大，原因在于切顶支护体安设要等回采超前一定距离后，在这一期间顶板已经离层。

二是切顶支护体处于被动受力状态。初期直接顶的离层和下沉将直接顶载荷作用于支护体，但此时载荷太小以至于难以切落顶板。后期作用于切顶支护体上的压力增大，这一变化源于基本顶的回转下沉和断裂，当提供的切顶阻力使上覆岩层呈现上拉下压的状态使直接顶在采空区侧切落。此时基本顶在煤壁附近或在巷道控顶区上方破断，以煤壁为支撑点向下回转运动，而巷旁切顶支护体类似于一个铰支点，将受到很大的压力作用，往往造成巷旁支护体的大变形和破坏，因此对巷旁支护体提出既能适应顶板下沉量，又有较大强度、刚度和切顶阻力的要求，实际上满足这样条件的支护体是很难找到的。比较有新意的是沿空锚索切顶技术，该技术是利用锚索悬吊作用将直接顶与基本顶岩层连在一起，沿走向在靠采空区一侧的巷道顶板施工一排竖向锚索，施工时间越早越好，在锚索切顶面上形成较大的剪应力和拉应力，使直接顶随采随切落下来。直接顶被切落前的载荷主要由基本顶岩梁结构承担，减轻了巷内和巷旁支护体的受力，是相对较好的被动切顶方法。

4.2.1.2 顶板强度弱化技术

4.2.1.2.1 高压注水弱化

顶板高压预注水是利用岩层中的胶结物和部分矿物可溶于水的特点，在专用巷道或回(进)风巷向顶板施工深钻孔，通过钻孔向顶板高压注水，达到减小层间黏结力的目的；同时高压水水楔的作用能扩大原始弱面和裂隙，高压水在岩石中渗流透过层理、节理、裂隙，产生各种物理化学作用，岩石的强度得到降低，顶板的垮冒性增强，达到弱化顶板的目的。顶板注水高度直接关系到弱化效果，太浅会导致顶板破碎不易维护，注水量应确保岩体得到充分软化又不使岩体过于破碎，可根据顶板的垮落步距计算求得。通常注水深度在 5～15 m 之间，应与上覆岩层活动特点相适应。

4.2.1.2.2　爆破弱化厚硬顶板法

爆破弱化厚硬顶板的方法主要有循环式浅孔爆破、超前深孔预裂爆破、步距式深孔爆破等。爆破弱化厚硬顶板是以人工爆破的方法破坏顶板的完整性，使厚硬顶板岩层随采随冒，弱化使冒落的矸石尽可能充满采空区，如此可降低上位岩层垮落运动高度，从而减弱顶板大面积垮落时的冲击强度，降低因顶板垮落而造成的瓦斯瞬间涌出以及大面积顶板垮落时形成冲击地压的可能性。超前深孔预裂爆破因不影响工作面生产，爆破后能有效地破碎厚硬顶板，有效降低应力集中程度，从而大幅度消除冲击危险，故应用最为广泛。

(1) 循环式浅孔强制放顶法。循环式浅孔强制放顶法是工作面每经过 1～2 个循环，由切眼顶部回采侧边缘向顶板施工深度 3～5 m，直径 40～50 mm 及 60～65 mm 的炮孔，钻孔仰角为 60°～65°，装药爆破破坏顶板岩体的完整性。该方式是厚硬顶板大面积悬顶条件下常用的措施，但是会造成工作面停产以用来钻孔，影响工作面推进速度，且由于采空区内容易积附大量瓦斯等有害气体，进行爆破安全性难以保障。

(2) 步距式深孔强制放顶法。步距式深孔强制放顶法是根据计算或经验获知顶板周期来压，为破坏顶板的完整性，在采动作用下切断顶板，故在来压前沿切顶线边缘向采空区方向施工 2～3 排深孔，爆破后形成一定高度的沟槽，厚硬顶板在采动作用下就沿此沟槽折断，此举可防止顶板大面积垮落，但同样会影响生产。

(3) 平巷内深孔强制放顶法。该方法是利用专掘巷道或回(进)风巷沿顶板施工平行于工作面的一定角度深钻孔，或结合注水弱化法利用注水孔进行爆破，此种方法对生产的影响较小，且充分利用采空区顶板作为自由面，爆破效果较好，其不利点有由于孔较深需要相应的钻孔设备以及在采空区内进行爆破易发生安全事故等。

4.2.1.3　预裂顶板主要参数确定

4.2.1.3.1　预裂切顶高度

预裂顶板选择所受拉应力最大 σ_{max} 的地点切槽放顶，此时原岩应力不会部分抵消爆生气体压力 p_0，相反会加速岩体的损伤破坏，微裂纹发生二次扩展的区域为：

$$r_2 = 3r_0\sqrt{\frac{p_0 + \sigma_{max}}{s_t - \sigma_{max}}} + r_0 \tag{4.2.1}$$

式中　r_0——等效球形药包半径；

r_2——爆破裂纹扩展半径；

σ_{max}——切槽放顶地段顶板所受的最大拉应力；

s_t——岩石抗拉强度；

p_0——孔壁爆生气体压力。

长条形药包的等效球形药包半径为：

$$r_0 = \frac{\sqrt{6}r_e}{2} \tag{4.2.2}$$

式中，r_e 为长条形药包半径。

计算 p_0 的方法有经验法：

$$p_0 = 49\ 033 \times (0.012\ 6z - 1.7 \times 10^4) \tag{4.2.3}$$

或炸药参数法：

$$p_0 = \frac{\rho D^2}{16} \tag{4.2.4}$$

式中 z——岩石声阻抗；

p_0——爆生气体压力；

ρ——装药密度；

D——炸药爆速。

假设控制爆破切顶的冒落松散岩体全部堆放在放顶带内，为了使冒落岩体充满采空场并接顶，切槽爆破的炮孔深度 L 必须满足：

$$(r_{2\min} + L)(k-1) = A \tag{4.2.5}$$

式中 k——岩体松散系数，一般为 1.2～1.4；

A——采空场顶底板垂直高度。

随着裂纹的扩展裂纹尖端的原岩应力逐渐减小，忽略 $\sigma_{\max}$ 得到切槽放顶凿岩的预裂切顶高度为：

$$L = \frac{A}{k-1} - \frac{\sqrt{6}r_e}{2}\left[1 + 3\sqrt{\frac{49\ 033 \times (0.012\ 6z - 1.7 \times 10^4)}{s_t}}\right] \tag{4.2.6}$$

4.2.1.3.2 炮孔装药参数的确定

保证预裂爆破质量好坏的关键就是不耦合系数的确定，合理的不耦合系数就是要使炮眼壁不受压碎或剪切破坏，而只在炮孔连线上形成贯通裂缝。采用连续正向装药时轴向不耦合系数为零，径向不耦合系数为炮眼直径与装药直径之比，即：

$$D_e = \frac{d_b}{d_e} \tag{4.2.7}$$

式中 D_e——径向不耦合系数；

d_b——炮孔直径；

d_e——药卷直径。

对于定向预裂爆破，为了使炮眼壁不产生压碎破坏，而又能使炮眼连线形成贯通裂缝，应满足条件：

$$\sigma_\theta \geqslant \sigma_{Td} \tag{4.2.8}$$

$$\sigma_r \geqslant \sigma_{cd} \tag{4.2.9}$$

式中 σ_{Td}——岩石的极限动态抗拉强度；

σ_r——炸药爆炸后炮眼壁受到的压力；

σ_{cd}——岩石极限动态抗压强度；

σ_θ——炮眼壁衍生出的拉应力，与泊松比和气体压力等有关。

岩石的极限动态抗拉强度 σ_{Td} 约等于其静态抗拉强度，而静态抗拉强度约为静态抗压强度的 1/12，岩石的动态抗压强度近似为静态抗压强度的 10 倍。炮眼壁受到的拉压应力与岩石的弹性模量、泊松比和炸药的密度、爆速、爆轰压力等相关，根据各参量的等式关系，可计算出连续正向不耦合装药时不耦合系数大概范围的经验公式为：

$$34\sigma_{cj}^{-0.42} \leqslant D_e \leqslant 248\sigma_{cj}^{-0.42}\left(\frac{\mu}{1-\mu}\right)^{0.42} \tag{4.2.10}$$

式中 σ_{cj}——岩石单轴抗压强度；

μ——岩石泊松比。

采用连续不耦合装药时装药量为：

$$Q_1 = 0.785\left(\frac{d_b}{D_e}\right)^2 p_0 \tag{4.2.11}$$

式中 p_0——炸药密度；

d_b——炮孔直径；

D_e——径向不耦合系数。

结合预裂爆破不耦合系数，装药量与岩石性质和炸药特征有直接关系，所以根据岩石具体特性参数，可得保证炮孔壁开裂的最小装药量经验公式为：

$$Q_{L\min} = 3.16 \times 10^{-5} \times d_{b}^{2} \times \sigma_{cj}^{0.83} \tag{4.2.12}$$

保证炮孔壁不被压碎的最大装药量经验公式为：

$$Q_{L\max} = 6.89 \times 10^{-4} \times d_{b}^{2} \times \sigma_{cj}^{0.83} \tag{4.2.13}$$

预裂爆破最根本的装药原则就是爆炸产生的荷载大于岩石的抗拉强度而同时又小于岩石的动态抗压强度，根据现场条件和爆破要求可分析确定装药量的合理范围。

4.2.1.3.3 炮孔间距

根据爆轰波与爆炸气体共同作用理论可确定预裂炮孔间距，炸药爆炸后，爆轰波首先在炮孔壁上产生初始裂缝，然后在爆炸气体准静压、切缝药管和周围岩体的共同作用下使之扩展贯穿，最终形成预裂切缝。

根据爆破不耦合系数和爆孔直径的相关关系，可得孔间距经验表达式为：

$$a = d_{b}(1\ 443\sigma_{cj}^{-0.6} \cdot D_{e}^{-1.4} + 55\ 860\sigma_{cj}^{-1} \cdot D_{e}^{-2.4}) \tag{4.2.14}$$

式中 d_{b}——炮孔直径；

σ_{cj}——岩石饱和单轴抗压强度；

D_{e}——径向不耦合系数。

孔间距与岩石性质、炮孔直径和不耦合系数直接相关，与不耦合系数呈负相关关系。

4.2.2 切顶沿空留巷巷旁作用机制及参数确定

通过对国内切顶沿空留巷的应用情况进行归纳总结，由表4.2.1、表4.2.2知切顶沿空留巷在不同煤层倾角（小到4°，大到22°）、煤层厚度（从0.3 m的薄煤层至6 m左右的厚煤层）、工程地质（石灰岩、厚砂岩、泥岩等软、硬顶板）等条件下均有成功案例。

沿空留巷的经济性是众所周知的，随着采矿技术的不断进步，越来越多的矿井采用沿空留巷工艺将是发展趋势。

研究适用于厚硬岩层的巷旁强力切顶支架，进行必要的人工切顶，实现巷旁支护体稳定性控制技术，将使沿空留巷适用范围更广。

表 4.2.1　　　　沿空留巷巷内支护形式统计表

矿井及工作面名称	工作面地质条件	巷道断面面积或断面尺寸（宽×高）	巷内支护形式
平顶山一矿 21052 面	倾角 7°，煤质松软，顶板中等稳定，底板为煤层，松软，分层开采	巷道断面 7.9 m^2	U 型钢、工字钢和可缩性支架
阳泉二矿 61000 面	顶板中等稳定，底板较硬，煤质较硬	(3.5～4.2) m×(1.8～2.3) m	工字钢和金属摩擦支柱
徐州张集矿 4204 工作面	煤层平均倾角为 22°，直接顶为 1.27 m 粉砂岩，基本顶为 11.44 m 中砂岩	巷道断面 6.8 m^2	工字钢支架、锚杆支护
枣庄井亭矿 6402 工作面	煤层倾角为 14°，顶板较硬，厚 6.5 m	2.5 m×2.4 m	单体液压支柱
焦作朱村矿 01023 工作面	煤厚 5.9 m，平均倾角为 6°，顶板为粉砂岩、砂岩，底板为泥岩	5.8 m^2（分层开采）	工字钢、梯形棚
淄博埠村矿 3330 工作面	煤层顶板为冒落不稳定复合顶板，倾角为 15°～22°	5.4 m^2	工字钢梯形支架
晋城古书院矿 91306 工作面	煤层倾角为 4°，厚 1.35 m，直接顶为厚 0.6 m 的 K_4 灰岩，基本顶为砂质泥岩，厚 3.4 m	3.2 m×2.4 m	锚杆支护
峰峰九龙口矿 1520 工作面	煤层倾角为 7°～12°，单斜构造，顶板为泥岩、粉砂岩、中砂岩	3.5 m×3.1 m	U 型钢拱形支护

表 4.2.2　　沿空留巷应用情况一览表

煤层厚度类型	局，矿	煤层名称	煤层厚度/m	备注
薄煤层	开滦矿务局	11 槽	0.8～1.2	
	淮北岱河矿	5 号层	均厚 1.2	3～5 m 矸石带
	枣庄矿务局	16#、17#	0.6～1.0	
	焦作王村矿	2 煤	均厚 1.3	
	资兴矿务局	杨梅垅组	0.6～1.4	
	松藻矿务局	K_1	0.6～1.2	
	永荣矿务局	主采层	0.3～0.7	料石墙护巷
	枣庄井亭矿	6403 工作面	均厚 1.0	
中厚煤层	徐州张集矿	7 层	均厚 3.2	分层开采
	淮北杨庄矿	6 层	2.2～3.5	
	平顶山六矿	戊 8	均厚 2.0	
	芙蓉矿务局(四川)	C5	1.2～1.8	矸石带
	梅田一矿(广东)	12#	1.6～3.6	
	鸡西城子河	25#	均厚 2.2	
厚煤层	六枝矿务局	7 号煤	4～5	留 3 m 小煤柱
	淮南新庄孜	5413 工作面	均厚 4.6	炮采放顶煤
	潞安常村矿	S2-6 工作面	5.8～6.2	综采放顶煤

4.2.2.1　巷旁支护阻力计算力学模型及求解

4.2.2.1.1　直接顶垮落力学模型

在沿空留巷期间，上位基本顶处于稳定状态，在工作面推进一定距离后，及时加强支护，对于控制留巷变形具有重要作用，巷旁支护作用于直接顶，以阻止承载结构上方直接顶与上位基本顶的离层。为了维护巷道顶板及充填体的结构稳定，巷旁支护体应提供一定的初期支撑力，即为抑制岩梁下沉的阻力。同时，为维护非回采侧煤帮和巷旁支护体作为直接顶的承载支座的稳定性，巷旁

5 近距离煤层无墙体沿空留巷工程案例

5.1 老母坡矿 3109 工作面无墙体沿空留巷工程案例

5.1.1 工程概况及地质条件

5.1.1.1 工程概况

山西老母坡煤矿 3109 工作面为薄煤层综采工作面，位于一采区运输下山右翼 3 号煤层第五个区段，其上覆为 2109 工作面采空区，埋藏较浅，平均埋深 200 m，煤层赋存基本稳定，厚度变化不大，平均厚度为 1.8 m。工作面煤层倾角较小，为近水平煤层。伪顶为碳质泥岩，厚 0.2～0.4 m，黑色、块状；直接顶为泥岩，厚 1.27 m，黑色；基本顶为细砂岩，厚 2.25 m，以石英长石为主。工作面易维护，采空区水文地质条件好，无突水事故；煤层瓦斯含量低，无自燃倾向，煤尘无自燃倾向及瓦斯爆炸危险。具备无墙体沿空留巷的先决条件。3109 工作面倾向全长为 680 m，走向长 100 m，煤层跟底掘进，工作面后退式回采。因采区内区段较少，按正常跳采布置会导致采掘接替紧张，因此决定对 3109 运输平巷实施无墙体沿空留巷。

5.1.1.2 地质条件

3 号煤层位于 2 号煤层下 6～12 m，平均 7.57 m，煤层厚度 0.95～2.25 m，平均 1.8 m，煤层不含夹矸，为稳定可采煤层。

3 号煤层顶板岩性分别为：伪顶为碳质泥岩，厚 0.2～0.4 m，块状、黑色、富含碳质;直接顶为泥岩,厚 1.27 m,黑色、呈厚层块状、较硬;基本顶为细砂岩,厚 2.25 m,灰色,分选较好,下部有微薄黑色粉砂岩;底板为 4.89 m 粉砂岩,黑灰色。3109 工作面煤层综合柱状图如图 5.1.1 所示。

5.1.2 围岩控制方案

5.1.2.1 掘进时期支护形式

5.1.2.1.1 顶板锚杆支护

(1) 锚杆规格和数量:ϕ20-M22-2200 mm,共 4 根,间排距 900 mm×1 000 mm,材质为 HRB400 高强锚杆,布置示意图见图 5.1.2。

(2) 锚杆角度:靠近巷帮的顶板锚杆与铅垂线夹角为 20°。

(3) 螺母及垫圈:80～120 N·m 扭矩螺母及配套塑料垫圈。

(4) 托盘:采用规格为 150 mm×143 mm×8 mm 的高强度碟形托盘。

(5) 药卷:采用 1 支 CK2335 型与 1 支 Z2350 型树脂药卷。

(6) 锚固方式:树脂加长锚固,锚固长度为 1 147.5 mm。

(7) 预紧力矩:顶板锚杆施工预紧力矩不小于 300 N·m,预紧力 40～60 kN。

(8) 钢带规格:M5 型钢带,长 4 000 mm,孔中心距 900 mm。

(9) 钢筋经纬网:4 600 mm×1 000 mm,采用 ϕ6 mm 的钢筋经纬网,网孔 100 mm 或 ϕ6 mm 冷拔电弧金属网与钢塑网双层网联合支护。

5.1.2.1.2 非回采侧锚杆支护

(1) 锚杆规格和数量:ϕ18-M22-1800 mm,屈服强度 335 MPa,共 3 根,间排距 900 mm×1 000 mm,如图 5.1.2 所示。

(2) 锚杆角度:与帮部垂直。

(3) 螺母及垫圈:80～120 N·m 扭矩螺母及配套塑料垫圈。

(4) 托盘:150 mm×143 mm×8 mm 的高强度碟形托盘。

山西组 pls		4.70	4.70	196.70	100	泥岩:黑灰色、灰黑色,厚层块状,上部夹深灰色粉砂及细砂岩薄层,水平层理,下部含碳质泥岩(0.20)
		0.25	0.25	196.95	100	煤
		1.80	2.00	198.95	90	含铝泥岩:灰色、深灰色,厚层块状,松软,易碎
		1.05	1.05	200.00	100	粉砂岩:灰黑色、黑灰色,夹薄层泥岩及细砂岩,水平层理
		4.33	4.33	204.33	100	泥岩:黑色厚层块状,含碳化植物碎片及块状瘤状菱铁矿结核
		0.30	0.40	204.73	75	碳质泥岩:黑色,松软,易碎,夹薄层镜煤条带
		2.25	2.25	206.98	100	粉砂岩:深灰色,上部夹薄层泥岩,下部夹薄层细砂岩,水平层理,透镜状层理
		0.20	0.20	207.18	100	含碳泥岩:黑色,块状,含少量植物化石
		0.30	0.42	207.60	71	煤
		0.20	0.20	207.80	100	含碳泥岩:黑色,块状
		0.80	0.80	208.60	100	细粒砂岩:深灰色,分选良好,含灰黑色泥质粉砂岩薄层,脉状层理
		2.99	2.99	211.59	100	泥岩:灰黑色,黑色,含植物化石碎片下部含微薄层黑灰色粉砂岩薄层,水平层理,底部含碳质
	2	1.06	1.06	212.65	100	
						煤:松软,易碎,光泽暗淡
		4.26	4.90	217.55	67	泥岩:灰黑色,黑色,厚层块状,中部夹薄层粉砂岩,水平层理
		1.20	1.20	218.75	100	粉砂岩:灰色,深灰色,含白云母碎片,夹细砂岩薄层破碎
		2.25	2.25	221.00	100	细砂岩:灰色、深灰色,以石英长石为主,分选良好,圆状,下部含微薄层灰黑色粉砂岩,斜层理
		1.27	1.27	222.27	100	泥岩:黑色,厚层块状,坚硬,含炭化植物碎片
		0.20	0.20	222.47	100	碳质泥岩:黑色,块状,富含碳质
	3	1.80	1.80	224.27	100	煤:半光亮型
		4.89	5.87	230.14	85	粉砂岩:黑灰色,薄层状水平层理,含微薄层状黑色泥质粉砂岩薄层

图 5.1.1 3109 工作面煤层综合柱状图

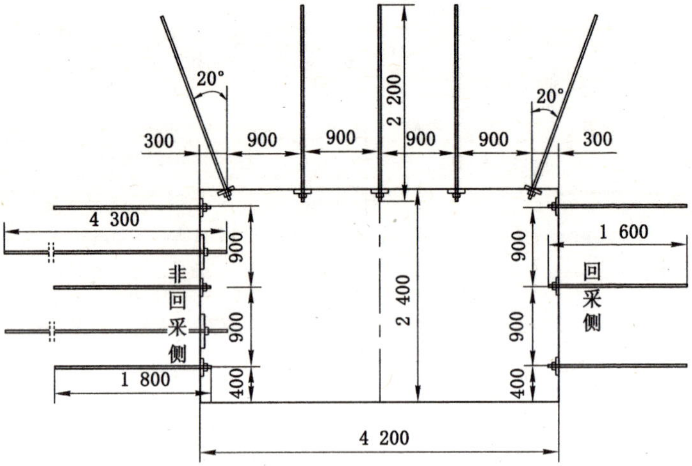

图 5.1.2　全断面锚杆布置图

(5) 药卷:采用 1 支 CK2335 型与 1 支 Z2350 型树脂药卷。

(6) 锚固方式:树脂加长锚固,锚固长度为 977.5 mm。

(7) 预紧力矩:帮部锚杆施工预紧力矩不小于 240 N·m。

(8) 钢带规格:M4 型钢带,长 2 200 mm,孔中心距 900 mm。

(9) 钢筋经纬网:2 400 mm×1 000 mm,采用 ϕ6 mm 的钢筋经纬网,网孔 100 mm。经纬网压在钢带与托盘下方,前后两片网之间用 14# 铁丝进行间隔 100～150 mm 的有效连接。

5.1.2.1.3　回采侧锚杆支护

(1) 锚杆规格和数量:ϕ16-M18-1600 mm 圆钢锚杆,共 3 根,间排距 900 mm×1 000 mm。

(2) 锚杆角度:垂直帮部。

(3) 螺母及垫圈:80～120 N·m 扭矩螺母及配套塑料垫圈。

(4) 托盘:150 mm×143 mm×8 mm 的高强度碟形托盘。

(5) 药卷:采用 1 支 CK2335 型与 1 支 Z2350 型树脂药卷。

（6）锚固方式：树脂加长锚固，锚固长度为 850 mm。

（7）钢带规格：M4 型钢带，长 2 200 mm，孔中心距 900 mm。

（8）网片规格：一片金属网，规格为 ϕ4 mm，网片长度 2.4 m，宽度 1 m，横向铺设压茬 200 mm，并应与顶板用 14# 铁丝进行间隔 150 mm 的有效连接。

5.1.2.1.4 顶板锚索支护

（1）锚索规格：ϕ17.8×4300 mm，布置成“3232”形式，排距 1 000 mm，如图 5.1.3 所示。

（2）锚索角度：顶板肩角锚索与铅垂线成 30°。

（3）锁具：KM18 高强锁具一套。

（4）药卷：采用 1 支 CK2335 型和 2 支 Z2350 型树脂药卷。

（5）锚固方式：采用加长锚固，锚固长度 1 552 mm。

（6）锚索垫板：140 mm×100 mm×8 mm 厚平钢板。

（7）槽钢梁：14# 槽钢，有长 3 000 mm、2 000 mm 两种。梁长 3 000 mm 的布置 3 孔，孔距 1 300 mm，排距 1 000 mm；梁长 2 000 mm 的布置 2 孔，孔距 1 500 mm，加小垫板，垫板尺寸 140 mm×100 mm×8 mm，由平钢板制成。

（8）调心球垫：每套锚索均应用万向调心球垫。

（9）预紧力：锚索的实始张拉力不小于 80～120 kN。

5.1.2.1.5 帮部锚索支护

（1）锚索规格：ϕ17.8×4300 mm，布置两道走向锚索梁，每道锚索梁压两根钢带，布置如图 5.1.4 所示，迈步距离 2 000 mm，排距 900 mm。

（2）锚索角度：与帮部垂直。

（3）锁具：OVM17.8 高强锁具一套（OVM——柳州欧维姆锚具）。

（4）药卷：采用 1 支 CK2335 型和 2 支 Z2350 型树脂药卷。

（5）锚固方式：采用加长锚固，锚固长度 1 552 mm。

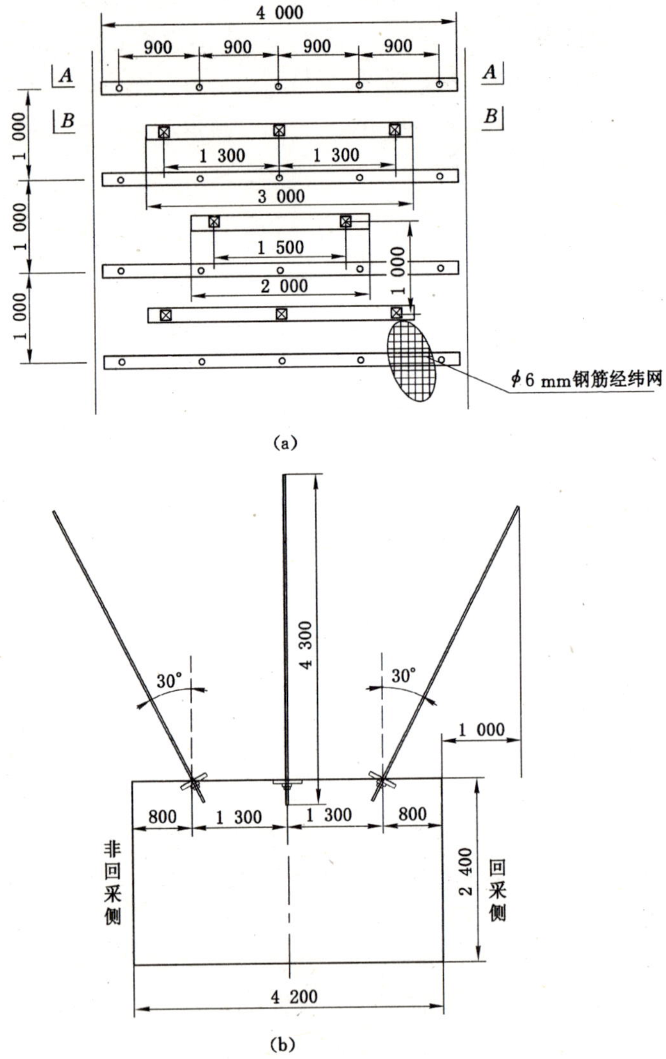

图 5.1.3 巷道顶板锚索支护平剖面图

(a) 顶板锚索布置仰视图;(b) 顶板锚索布置剖面图

(6) 锚索垫板：300 mm×300 mm×15 mm 大托盘。

(7) 调心球垫：每套锚索均应用万向调心球垫。

(8) 预紧力：锚索的初始预紧力应达到 80～120 kN。

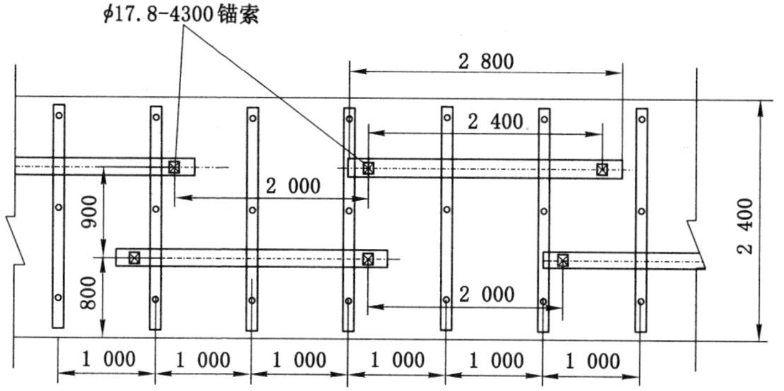

图 5.1.4 非回采侧帮部锚索支护示意图

5.1.2.2 留巷期间支护

5.1.2.2.1 巷内单体辅助支护

单体配合铰接顶梁和十字铰接顶梁顺巷布置，巷内 3 排辅助单体支撑，柱距分别为 2 050 mm 和 600 mm，活柱可缩量不小于 500 mm，单体液压支柱穿复合铁鞋，具体见图 5.1.5。

5.1.2.2.2 采空帮支护

(1) 采空帮护帮：采用 1.0 m×4.0 m 的 8# 金属菱形网片护帮，通过 8# 铁丝与顶板网片连接。搭接长度应大于 500 mm，扣间距 100 mm，双丝双扣。为使护腿和单体支柱能同步下移，防止十字顶梁和复合铁鞋破坏，工字钢梁护腿长度根据实际巷道高度随时进行调整。护腿间距 600 mm，并背不少于三根板皮，阻止采空帮变形。板皮长 1 400 mm，宽 150～200 mm。

(2) 采空帮封闭：沿空留巷采空区侧采取了防漏风隔模，在留巷变形稳定区，对采空帮及时进行喷浆，利用移动式黄泥注浆系

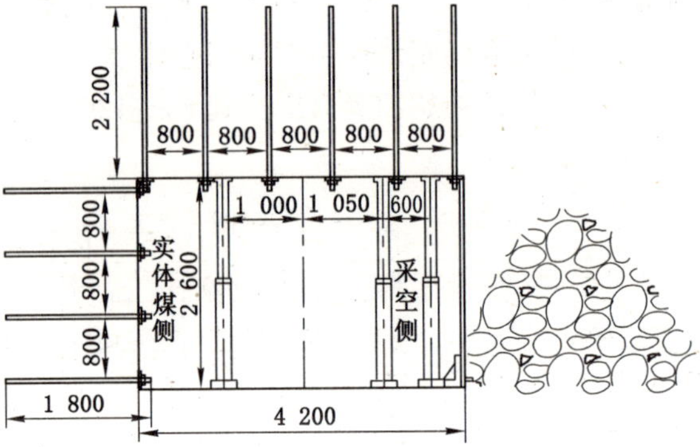

图 5.1.5 巷内单体支护

统,喷涂材料为水泥、黏土、千分之二的玻璃水和玻璃纤维配比而成[水加入水泥后比重为 1.2,再加入黏土(红胶泥)后比重为 1.4,同时加入千分之二的水玻璃及适量的玻璃纤维]。为保证采空帮喷浆后有良好的封闭效果,需在留巷进风口加设一道水幕,保证材料喷涂后的湿度。

5.1.2.2.3 顶板超前加固

顶板加固的核心为保证采前及留巷期间的顶板锚固结构,应对 3109 下平巷锚梁网支护段进行锚索梁加固,加固的基本参数为:

(1) 顶板正中补充一套规格为 ϕ17.8-4300 mm 的单体锚索,配 300 mm × 300 mm × 150 mm 方托盘,每根锚索采用 1 节 CK2335 和 2 节 Z2350 锚固剂,排距与锚杆相同,为 800 mm。

(2) 顶板两侧距帮部 400～600 mm,锚索外扎角 20°～30°,配 14# 槽钢,布置为走向锚索梁形式,梁长 3 m,孔距 2.5 m,每套配 150 mm×100 mm×5 mm 平钢板,锚索规格及锚固性能与施工要求与顶板正中锚索相同。

锚索梁布置见图 5.1.6。

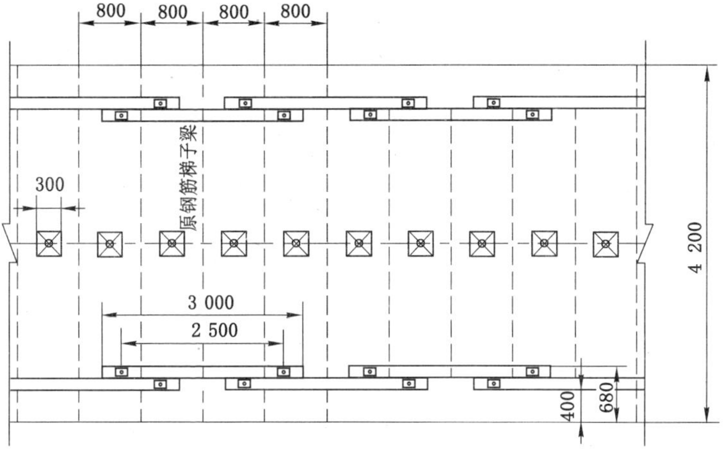

图 5.1.6 3109 工作面下平巷顶板锚索加固布置图

5.1.2.3 留巷采前破碎、连续断层地段喷注加固

5.1.2.3.1 注浆材料的遴选

目前常用的注浆材料有无机类的水泥与水玻璃、硫铝酸盐快硬水泥、锚固剂水泥等，有机材料多为高分子或聚酯类的化学材料。结合 3109 工作面现状，无淋水段区域宜采用快硬水泥，标号为 525，淋水段宜采用化学浆液。

5.1.2.3.2 喷浆及喷浆材料

注浆前应开展裸巷注浆试验，依据注浆效果增加喷浆工序，喷浆可以选用有水泥与石子、水泥的潮喷工艺，喷厚 5 cm 以上，也可以选用低发泡比高延展柔性材料喷浆，喷厚在 2 cm 以上。喷浆应包括顶板全部和实体煤侧帮部上部 1 m 范围。

5.1.2.3.3 注浆压力等参数的取值

由于 3109 运输平巷的顶板多以浅部位移为主，且巷道采空侧无巷旁支护体支承，顶板宜采用深浅孔注浆方式，终孔压力取低值或按注浆量停止注浆工作，注浆顺序为先帮部后顶板，帮部自下而上，顶板自实体侧往回采侧；浅孔孔深宜取 1.2～1.5 m，注浆管长 1 m，深孔孔深取 2.5～3.0 m，注浆管长 2.0 m；若为硫铝酸盐快硬水泥，可按每孔 4 袋进行。注浆过程应使用示踪剂，以检查注浆效果。

5.1.2.3.4　注浆孔布置参数

（1）浅孔注浆孔每个断面 7 孔，其中顶板 4 孔，实体煤帮3 孔，如图 5.1.7(a)所示。

（2）深孔注浆孔每个断面 4 孔，与浅孔呈五花眼布置，其中顶板 3 孔，分别位于巷道实体侧肩角处和距实体煤帮 1.3 m 处，实体煤帮侧布置 1 孔，距顶板 0.3 m 处，排距亦为 2 m，与浅孔交替布置，如图 5.1.7(b)所示。

5.1.2.3.5　注浆管加工参数

（1）浅孔注浆锚杆长度 1 000 mm，孔深 1 500 mm；采用树脂锚固剂或快硬水泥药卷封孔，深度为 200 mm。浅孔注浆锚杆加工示意图见图 5.1.8。

（2）深孔注浆锚杆长度 2 000 mm，孔深 2 500 mm；采用树脂锚固剂或快硬水泥药卷封孔，深度为 400 mm。深孔注浆锚杆加工示意图如图 5.1.9 所示。

（3）注浆工作面结束后，在顶板开凿放水孔。

5.1.3　重复采动无墙体沿空留巷矿压观测规律

5.1.3.1　超前段矿压显现规律

为了观察超前段矿压显现情况，于工作面前方设置了三个测站，分别设置于 3109 留巷里程牌 350 m、300 m 及 250 m 处，取其中典型曲线如图 5.1.10 所示。

由图 5.1.10 可知，超前 218～88.6 m 之间巷道围岩的位移量变化较小，此范围内两帮及顶底板位移量最大值分别为 37 mm 和

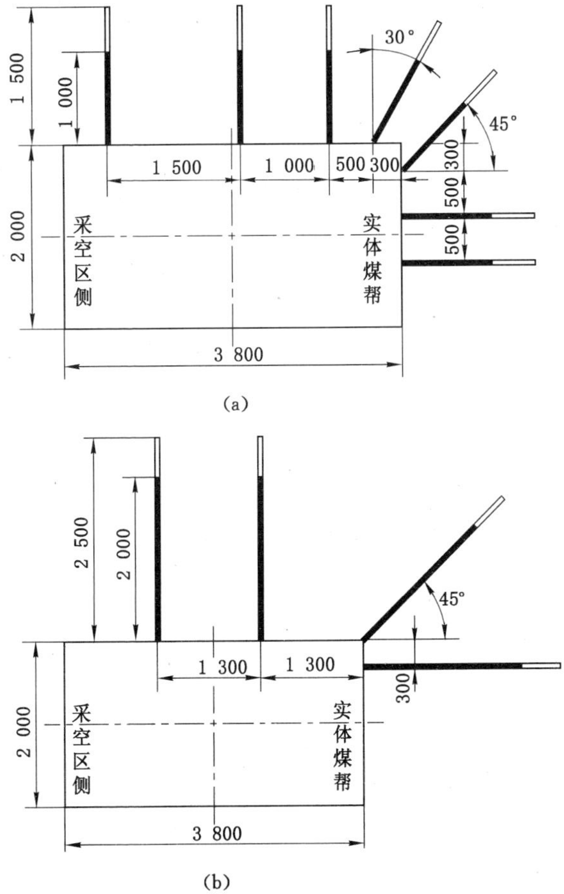

图 5.1.7 注浆参数布置示意图

(a) 浅孔注浆参数;(b) 深孔注浆参数

32 mm,变形速度不超过 3 mm/d。工作面前方 88.6 m 范围内,两帮及顶底板位移量及变形速度增大:超前 68.2 m 处,两帮及顶底

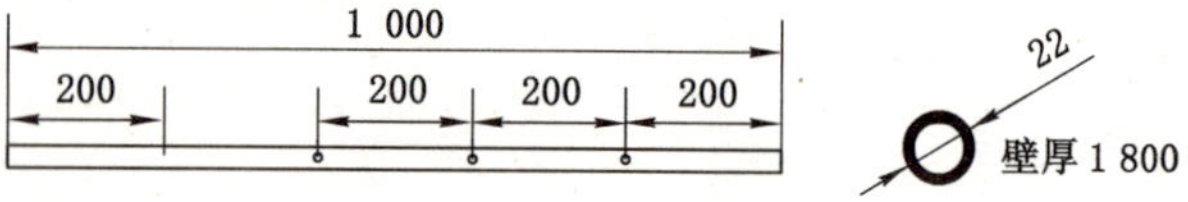

图 5.1.8　浅孔注浆锚杆加工示意图

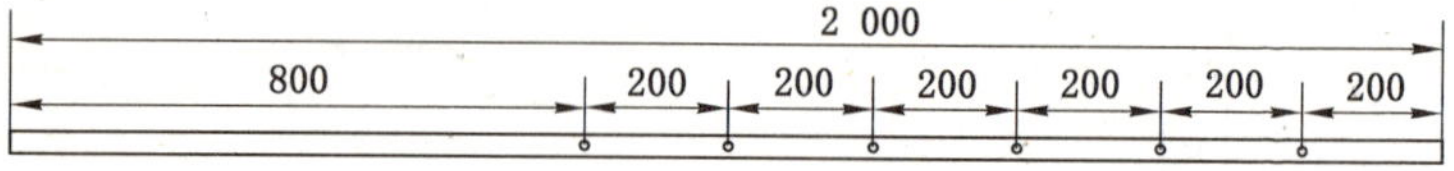

图 5.1.9　深孔注浆锚杆加工示意图

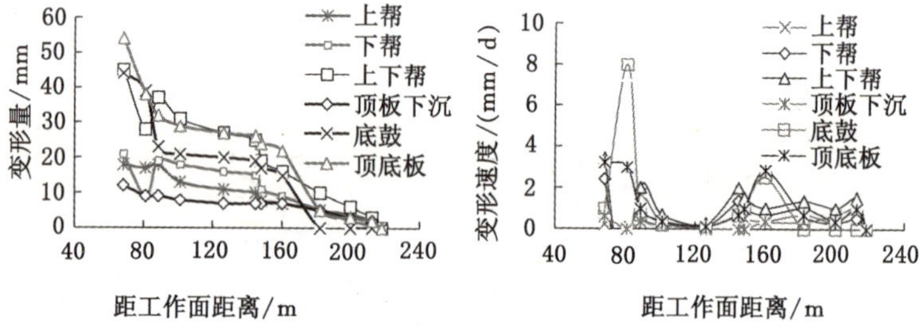

图 5.1.10　3109 留巷超前矿压显现规律

板位移量达到 45 mm 及 54 mm，变形速度分别为 3.4 mm/d 及 3.2 mm/d。超前 48 m 区域，两帮及顶底板移近量曲线呈剧烈上升趋势，该区域超前支承压力影响剧烈。

由此，可以大体将超前段分为稳定段、超前采动影响增长阶段和超前采动影响剧烈阶段三个阶段。其中，超前采动影响范围外的稳定段巷道围岩的位移量较小，变形速度非常小；随着工作面的推进，渐渐进入超前采动影响增长阶段，该阶段围岩变形量与变形速度都有明显增长；最后的超前采动影响剧烈阶段受超前支承压力影响剧烈，围岩变形速度急剧增加，两帮移近速度呈垂直上升趋势，一般比平缓变形时的移近速度增加数倍。留巷超前段围岩实照如图 5.1.11 所示。

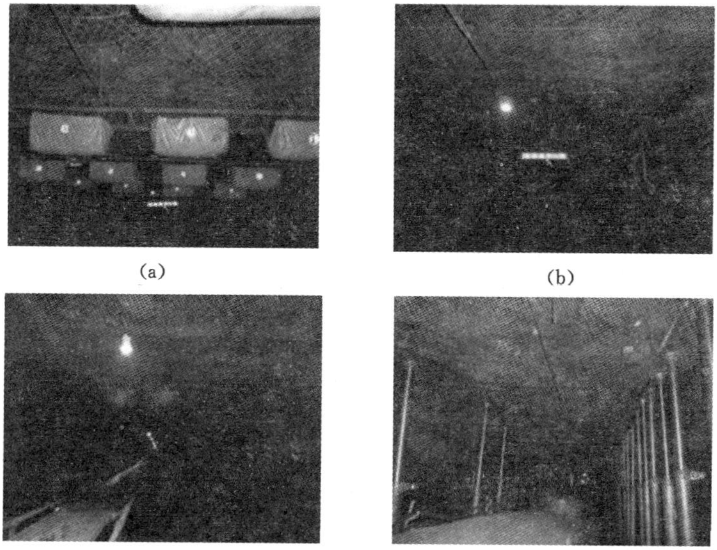

(a)　　(b)

(c)　　(d)

图 5.1.11　3109 运输平巷超前段实照

(a) 工作面前方 300 m；(b) 工作面前方 250 m；(c) 工作面前方 150 m；(d) 工作面前方 50 m

5.1.3.2　留巷阶段矿压显现规律

根据留巷段各测点表面位移的观测，取其中典型曲线，如图 5.1.12所示。由图可得沿空留巷后方支承压力的影响的大致规律，分为三个区域：留巷后方稳定区域、留巷影响减弱区域、留巷影响强烈区域。

(1) 工作面后方 0～60 m 范围内，围岩变形剧烈，变形速度最大为顶底板 46 mm/d，两帮 23 mm/d。

(2) 在工作面后方 60～90 m 之间的巷道顶底板移近 300～

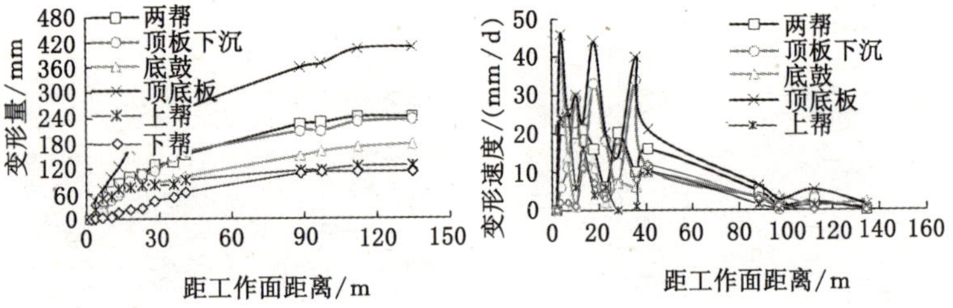

图 5.1.12　3109 留巷阶段矿压显现规律

360 mm，巷道两帮移近 180～225 mm，此阶段两帮及顶底板变形速度下降，其最大值分别为 18 mm/d 和 16 mm/d。

(3) 在工作面后方 90 m 以外巷道围岩的位移及变形速度趋缓，巷道变形已趋于稳定，此处已处于留巷后方稳定区域。主要是非回采侧煤帮的变形，两帮最终移近量为 243 mm，顶底板最终下沉量为 409 mm，其中顶板下沉量 225 mm，以顶板下沉为主。

留巷实照见图 5.1.13。

5.1.4　老母坡矿无墙体沿空留巷经济效益

5.1.4.1　巷道掘进节省费用

沿空留巷项目成功实施后，可减少 3109 工作面上平巷的掘进工程，则节约成本如下：

3 313 元/m×640 m(留巷段＋联络巷段)＝2 120 320 元

5.1.4.2　增加煤炭资源回收

沿空留巷项目的实施使煤炭资源回收增加，多回采了 5 m 宽保护煤柱，则：

预计回收精煤＝煤柱宽×煤厚×长度×容重＝5 m×2.0 m×610 m×1.4 t/m^3＝8 540 t

吨煤纯收益＝吨煤×回收率×(吨煤洗精煤售价－吨煤洗煤

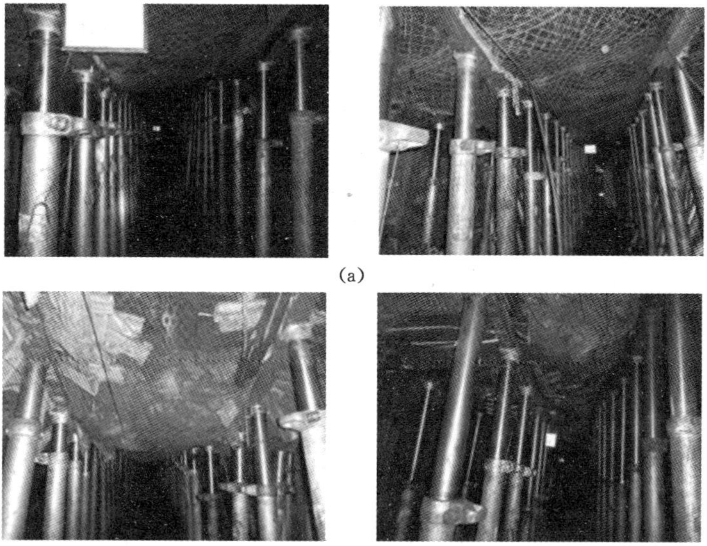

图 5.1.13　3109 运输平巷留巷段实照

(a) 工作面后方 60 m；(b) 工作面后方 120 m

成本)－吨煤生产成本＝1 t×65％×(1 070 元/t－70 元/t)－345 元/t＝305 元/t

增加煤炭资源回收纯收益＝8 540 t×305 元/t＝2 604 700 元

沿空留巷项目煤炭资源单位纯收益＝2 604 700 元÷610 m＝4 270 元/m

5.1.4.3　3109 工作面下平巷综合经济分析

3109 工作面下平巷沿空留巷项目节支增效＝增加煤炭资源回收纯收益＋少掘进一条巷道节支费用－掘进巷道增加费用－留巷注浆加固成本－人工费用－设备材料消耗成本＝2 604 700 元＋2 120 320 元－254 080 元－610 000 元－1 207 800 元－1 610 570 元＝1 042 570 元

其中：增加成本 368.25 万元，增加收入 472.50 万元。

3109 工作面下平巷沿空留巷单位节支增效＝1 042 570 元÷610 m＝1 709.1 元/m

5.2 兰花宝欣矿 3103 工作面无墙体沿空留巷工程案例

5.2.1 工程概况及地质条件

兰花宝欣矿是兰花集团在山西古县控股且具备生产条件的骨干矿井，矿井资源储量 4 998 万 t，矿区面积 6.018 1 km^2。矿井目前主采 2 号、3 号煤层，其中 3 号煤层厚 1.8～2.4 m，与 2 号煤层层间距平均 13.4 m。

3103 工作面平面图如图 5.2.1 所示。

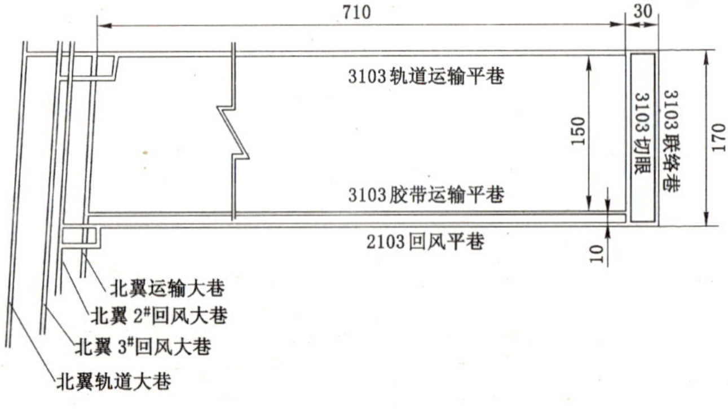

图 5.2.1　3103 工作面平面图

3103 工作面是宝欣矿实施沿空留巷的首个试验面，位于山西组中部，K_7 粉细砂岩之上，下距 K_7 砂岩 9.24～32.20 m，平均 19.53 m，煤层厚 1.8～2.4 m，平均 1.77 m，不含夹矸，煤层结构简单。全区发育稳定，属全区稳定可采煤层。基本顶或直接顶为中细砂岩或粉砂岩，质硬、钙质或硅质胶结，裂隙发育，方解石脉充填，属中等坚硬岩石，冒落性Ⅱ类顶板，厚 1～4.66 m，一般平均 3.12 m。局部直接顶板为泥岩，厚 2.43～4.15 m，平均 3.29 m，质软。3 号煤层底板为灰黑色泥岩、砂质泥岩、粉砂岩，厚 0.6～6.44 m，平均 2.9 m，属不坚硬岩石。

2 号煤层位于山西组上部，上距 K_8 中细砂岩 0.40～7.20 m，平均 4.84 m，位于 3 号煤层之上，下距 3 号煤层 12.70～14.10 m，平均 13.40 m。煤层厚 0.73～1.24 m，平均 0.98 m，不含夹矸，煤层结构简单，全区发育稳定，属全区稳定可采煤层。顶板岩性为泥岩或砂质泥岩，底板岩性为粉砂岩或砂质泥岩。

5.2.2 围岩控制方案

5.2.2.1 新掘巷道支护参数

根据 3 煤具体地质状况及目前留巷取得的经验，运输平巷的断面尺寸确定为宽×高＝4.5 m×2.5 m，其支护形式如图 5.2.2 所示。

5.2.2.1.1 顶板锚杆支护

（1）锚杆规格和数量：MSGLW-400/20×2000，螺纹段螺纹规格为 M22。共 5 根，间排距 1 000 mm×1 000 mm，材质为左旋无纵筋高强锚杆。

（2）锚杆角度：靠近巷帮的顶板锚杆安设角度为与铅垂线成 15°。

（3）螺母及垫圈：80～120 N·m 扭矩螺母及配套塑料垫圈。

（4）托盘：采用与 M 型钢带配套的高强度托盘，规格 150 mm×143 mm×8 mm。

（5）药卷规格：MSZ2360，2 支。

（6）锚固方式：树脂加长锚固，锚固长度为 1 656 mm。

（7）钻孔规格：钻孔直径 28 mm，钻头直径 27 mm，孔深 1 900 mm。

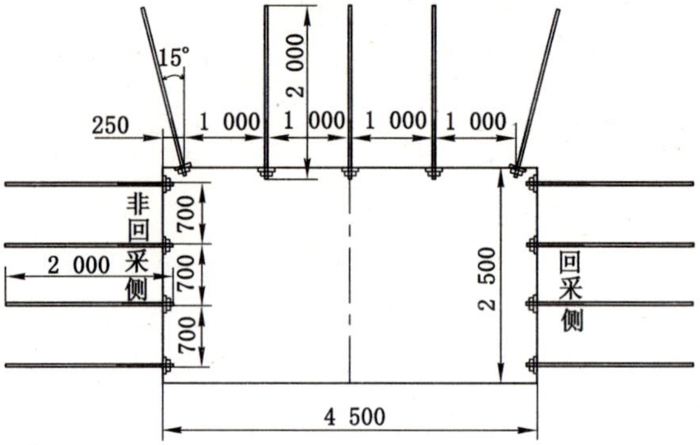

(a)

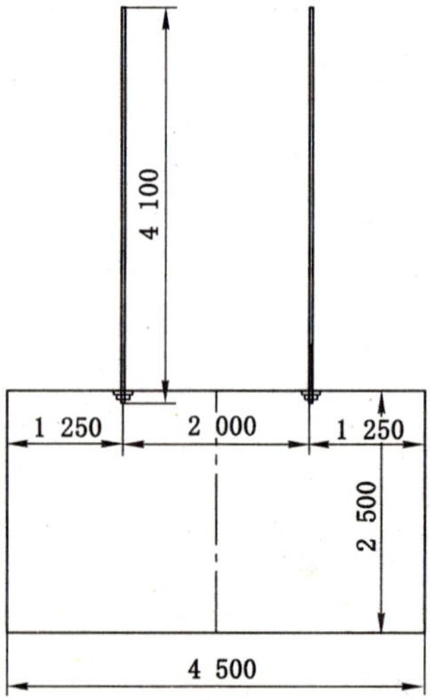

(b)

图 5.2.2　4.5 m×2.5 m 实体煤运输平巷支护形式图

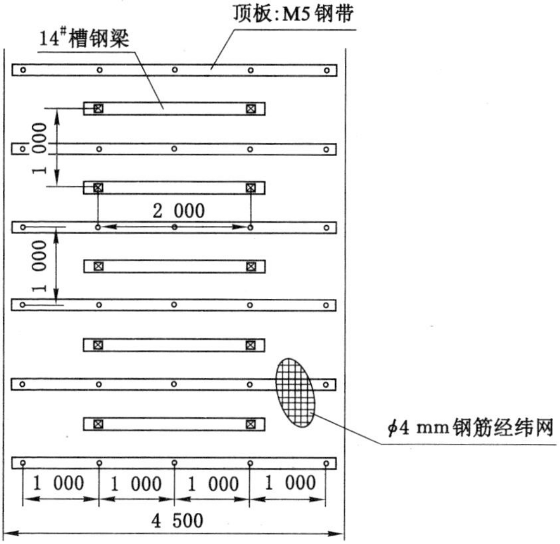

(c)

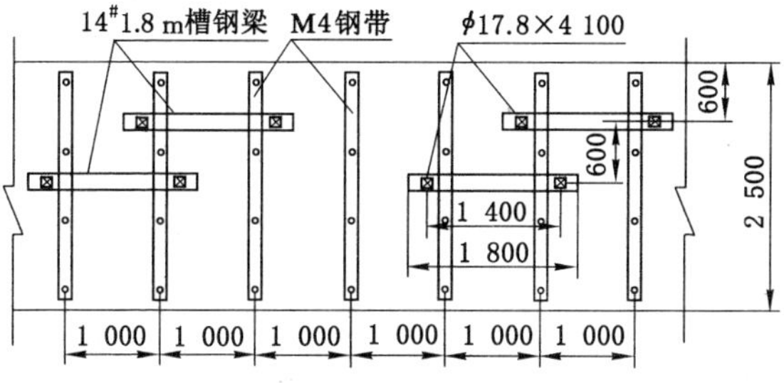

(d)

续图 5.2.2　4.5 m×2.5 m 实体煤运输平巷支护形式图

(a) 全断面锚杆布置图;(b) 顶板锚索梁布置图;(c) 顶板锚杆、锚索布置仰视图;

(d) 非回采侧锚索梁布置图

(8) 预紧力矩:锚杆预紧力矩不小于 300 N·m,预紧力 40～60 kN。

(9) 钢带规格:GRT-M5 钢带,长度 4 200 mm,展宽 173 mm,厚度 5 mm,共布置 5 组孔。

(10) 钢筋经纬网:4 500 mm×1 200 mm,直径 4 mm,网孔 100 mm。

5.2.2.1.2 顶板锚索支护

顶板锚索采用“2-2-2”布置形式,一梁两孔,梁长 2 400 mm,孔距 2 000 mm,锚索梁排距 1 000 mm。

(1) 锚索规格:SKP17.8-7/1860,长度 4 100 mm,材质为高强度低松弛预应力钢绞线。

(2) 锚索角度:垂直顶板。

(3) 锁具:OVM17.8 高强锁具一套。

(4) 药卷规格:MSZ2360,2 支。

(5) 锚固方式:采用加长锚固,锚固长度 1 380 mm。

(6) 钻孔规格:钻孔直径 28 mm,钻头直径 27 mm,孔深 3 900 mm。

(7) 锚索垫板:规格 300 mm×300 mm×15 mm,平钢板。补打单体锚索时配置。

(8) 槽钢梁:14# 槽钢,一梁两孔,孔距 2 000 mm,排距 1 000 mm,梁长 2 400 mm,加小垫板,垫板尺寸 80 mm×100 mm×10 mm,平钢板制成。

(9) 调心球垫:每套锚索均应采用万向调心球垫。

(10) 预紧力:锚索的实始张拉力不小于 80～120 kN。

5.2.2.1.3 非回采侧帮部锚杆支护

(1) 锚杆规格和数量:MSGLD-335/18×2000,螺纹段螺纹规格为 M20。共 4 根,间排距 700 mm×1 000 mm,材质为全螺纹右旋等强锚杆。

(2) 锚杆角度:与帮部垂直。

(3) 螺母及垫圈:80～120 N·m 扭矩螺母及配套塑料垫圈。

（4）托盘：采用与M型钢带配套的高强度托盘，规格150 mm×143 mm×8 mm。

（5）药卷规格：MSZ2360，2支。

（6）锚固方式：树脂加长锚固，锚固长度为1 380 mm。

（7）钻孔规格：钻孔直径28 mm，钻头直径27 mm，孔深1 900 mm。

（8）预紧力矩：锚杆预紧力矩不小于250 N·m，预紧力不小于40 kN。

（9）钢带规格：GRT-M4钢带，长度2 200 mm，展宽173 mm，厚度4 mm，共布置4组孔。

（10）网：8#勾花式菱形金属网，规格为直径4 mm，网片长度2 700 mm，宽度1 200 mm，横向铺设压茬100 mm，并应与顶板用10#铁丝进行间隔100～150 mm有效连接。

5.2.2.1.4 非回采侧帮部锚索梁支护

非回采侧锚索采用“1-1-1”迈步式布置形式，一梁两孔，梁长1 800 mm，孔距1 400 mm，锚索梁具体位置参数如图5.2.2(d)所示。

（1）锚索规格：SKP17.8-7/1860，长度4 100 mm，材质为高强度低松弛预应力钢绞线。

（2）锚索角度：垂直顶板。

（3）锁具：OVM17.8高强锁具一套。

（4）药卷规格：MSZ2360，2支。

（5）锚固方式：采用加长锚固，锚固长度1 380 mm。

（6）钻孔规格：钻孔直径28 mm，钻头直径27 mm，孔深3 900 mm。

（7）槽钢梁：14#槽钢，一梁两孔，孔距1 400 mm，梁长1 800 mm，加小垫板，垫板尺寸80 mm×100 mm×10 mm，平钢板制成。

(8) 调心球垫:每套锚索均应采用万向调心球垫。

(9) 预紧力:锚索的实始张拉力不小于 80～120 kN。

5.2.2.1.5　回采侧帮部锚杆支护

(1) 锚杆规格和数量:MSGLD-335/18×2000,螺纹段螺纹规格为 M20。共 4 根,间排距 700 mm×1 000 mm,材质为全螺纹右旋等强锚杆。

(2) 锚杆角度:与帮部垂直。

(3) 螺母及垫圈:80～120 N·m 扭矩螺母及配套塑料垫圈。

(4) 托盘:采用与 H 型钢带配套的高强度碟形托盘,规格 150 mm×150 mm×10 mm。

(5) 药卷规格:MSZ2360,2 支。

(6) 锚固方式:树脂加长锚固,锚固长度为 1 380 mm。

(7) 钻孔规格:钻孔直径 28 mm,钻头直径 27 mm,孔深 1 900 mm。

(8) 预紧力矩:锚杆预紧力矩不小于 250 N·m,预紧力不小于 40 kN。

(9) 钢带规格:2 500 mm×100 mm×10 mm,采用长度 2 500 mm、直径 10 mm 钢筋焊制而成,锚杆孔位两侧各布置2 道,共布置 4 组孔。

(10) 网:8# 勾花式菱形金属网,规格为直径 4 mm,网片长 2 700 mm,宽 1 200 mm,横向铺设压茬 100 mm,并应与顶板用 10# 铁丝进行间隔 100～150 mm 的有效连接。

5.2.2.2　回采期间巷内辅助支撑设计

3103 轨道运输平巷留巷期间巷内辅助支护如图 5.2.3 所示。

(1) 单体分别配合铰接顶梁和十字铰接顶梁(顺巷布置)加强顶板支护,顺巷打三排单体,柱距 600 mm。其中,第一、二排单体布置在巷道中心线采空侧,分别距中心线距离为 1 650 mm、1 050 mm,第三排单体布置在巷中心线实体煤侧,距巷中心线为

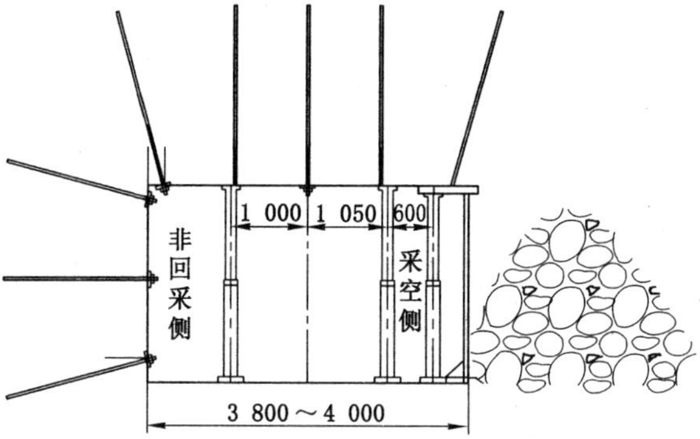

(a)

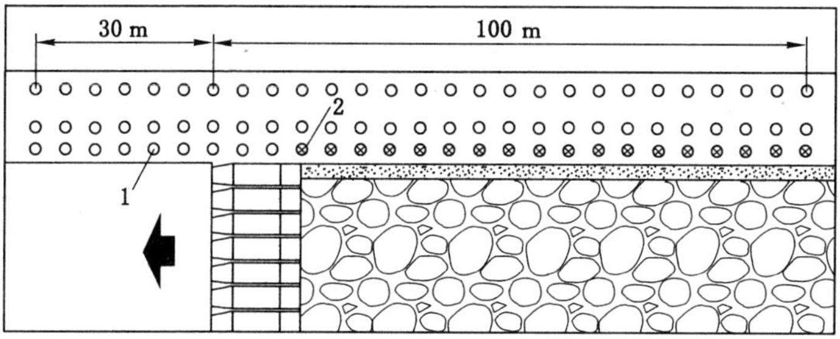

(b)

图 5.2.3 留巷期间巷内辅助支撑示意图

(a) 巷内辅助支护断面图；(b) 巷内辅助支护俯视图

1——单体支柱；2——切顶支架（单体支柱＋工字钢梁）

1 000 mm。第一排为单体液压支柱、工字钢梁配合十字铰接顶梁（长 600 mm），一梁一柱，柱距 600 mm，单体液压支柱穿复合铁鞋；第二、三排为单体液压支柱配合铰接顶梁（长 1 200 mm），一梁两柱，柱距为 600 mm，单体支柱穿铁鞋。单体液压支柱支护须保证单体初撑力大于 90 kN，并且要保证迎山有劲（迎山角 3°～5°）。

（2）为使护腿和单体支柱能同步下移，避免破坏十字顶梁和复合铁鞋，工字钢梁护腿长度为 2 200 mm 和 2 400 mm，应比留巷巷道的高度低 200～300 mm，根据实际巷道高度，随时对护腿长度进行调整。护腿的底部为斜面，要求按 30°倒角，护腿间距 600 mm，并背不少于三根板皮，阻止采空帮变形。板皮长 1 400 mm，宽150～200 mm。护腿与十字顶梁连接件现场实图如图 5.2.4 所示。

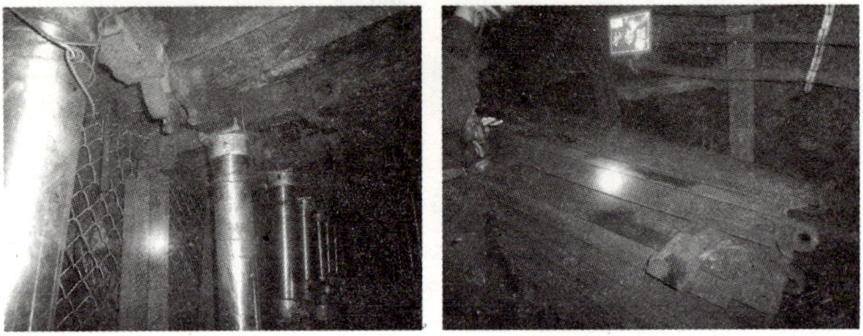

图 5.2.4　护腿与十字顶梁连接件实图

(3) 支护要求：支设切顶支架时，应向巷道内移 200～400 mm，保证采空侧顶板沿十字铰接顶板外侧断裂，同时十字铰接顶梁和铰接顶梁与顶板之间要求接顶严实，受力均匀；单体支柱迎山有力(迎山角 3°～5°)。单体液压支柱初撑力不小于 90 kN，活柱可缩量不小于 500 mm。复合铁鞋要支设到实底并水平放置。护腿与复合铁鞋搭接 300 mm，且底部与底板间距不小于 300 mm。

5.2.3　宝欣矿无墙体沿空留巷经济效益

5.2.3.1　巷道掘进节省费用

3103 工作面沿空留巷项目成功实施，减少了 3105 轨道平巷的掘进工程，则节约成本如下：

2 500 元/m ×（710 + 260）m（留巷段 + 联络巷段）= 2 425 000元

5.2.3.2　增加煤炭资源回收

沿空留巷项目的实施使煤炭资源回收增加，多回采了 20 m

宽保护煤柱，则：

预计回收精煤＝煤柱宽×煤厚×长度×容重＝20 m×2.0 m×710 m×1.4 t/m^3＝39 760 t

吨煤纯收益＝吨煤×回收率×（吨煤洗精煤售价－吨煤洗煤成本）－吨煤生产成本＝1 t×65%×（1 070 元/t－70 元/t）－345 元/t＝305 元/t

增加煤炭资源回收纯收益＝39 760 t×305 元/t＝12 126 800 元

沿空留巷项目煤炭资源单位纯收益＝12 126 800 元÷710 m＝17 080 元/m

5.2.3.3　3105 工作面轨道平巷综合经济分析

3105 工作面轨道平巷沿空留巷项目节支增效＝增加煤炭资源回收纯收益＋少掘进一条巷道节支费用－掘进巷道增加费用－留巷注浆加固成本－人工费用－设备材料消耗成本＝12 126 800 元＋2 425 000 元－385 090 元－120 000 元－1 405 800元－1 874 598元＝10 766 312 元

其中：增加成本 378.55 万元，增加收入 1 455.18 万元。

3105 轨道平巷沿空留巷单位节支增效＝10 766 312 元÷710 m＝15 164 元/m

6 主要结论及创新性

6.1 主要结论

本书针对近距离煤层无墙体沿空留巷新技术展开了科研攻关，通过研究围岩性能与支护材料性能、理论分析、围岩控制关键技术，形成了近距离煤层无墙体沿空留巷成套开采技术，得出主要结论如下：

(1) 通过对国内无墙体沿空留巷的成功案例进行归纳总结，分析了无墙体沿空留巷适用的地质条件为：中等稳定的顶板、浅埋薄煤层及中厚煤层以及煤层倾角不大、瓦斯等有害气体含量低。巷内巷旁支护必须相互协调，巷内支护必须使用有较高强度和快速增阻特性的主动支护，实施沿空留巷巷内单体支护和巷内锚网索联合支护，巷旁支护具有适当的双向承载性能的同时要具有较大的可缩性能，同时具有一定的抗侧压性能。

(2) 运用弹塑性理论推导了采场底板的屈服破坏深度；运用矿压理论及材料力学，对采空区下留巷顶板受力、破断位置及破坏再平衡过程进行了探讨，分析确定无墙体沿空留巷的适用条件，而后利用 UDEC 数值模拟的手段，建立了切顶沿空留巷的数值计算模型。计算了基本顶沿巷旁支护体处或实体煤处断裂后对留巷基本顶的再平衡机制，并分析得出留巷侧向顶板断裂的最优力学形态为在煤帮尚为固定边界时，侧向顶板沿巷旁支护体外侧断裂巷内受力较小，对沿空留巷最为有利。

(3) 基于研究成果介绍了厚硬顶板稳定性控制与沿空留巷工程应用,建立了巷旁支护带力学模型,给出近距离煤层切顶沿空留巷巷旁合理支护阻力计算公式: $P_u=\frac{(q+\gamma h)(l-x_0)(j+u)-q_1 l_0(j+u)}{u}$ 及巷旁支护结构的稳定性控制判据: $\sigma_a=(\gamma z+q_0)\cdot\tan^2\left(45^\circ-\frac{\varphi}{2}\right)$,并提出巷道支护技术原则。

(4) 着重对留巷巷内支护和巷旁支护进行改进和创新,通过巷道围岩强化控制技术、动态分步施工技术,优化巷道掘进期间的支护设计,建立沿空留巷上覆岩层结构力学模型,得到了巷旁支护组合体的作用机制,即巷旁支护体设置后快速增阻,即时支撑巷内顶板,工作面后方周期来压前达到切顶阻力切落采空区一定高度的顶板,上覆岩层剧烈活动稳定前有较大的变形能力及稳定后有较高的后期强度。建议采用单体液压支柱配合十字铰接梁、复合铁鞋和工字钢护帮腿组合支护体进行采空侧巷帮支护,形成无充填墙体的采空侧巷帮支护新形式。

(5) 针对薄煤层中等顶板条件下沿空留巷,发明了一种"两位一体"沿空留巷可缩性切顶装置,由单体液压支柱及 U 型钢腿或端部两侧开键槽的槽钢通过十字铰接顶梁及支撑底座连接,组合成为强力切顶支架,U 型钢腿或端部两侧开键槽的槽钢可缩行程设计为 100～300 mm,摩擦支护阻力设计为 200 kN,此切顶支架有效结合单体及 U 型钢腿两者优点,在具备较高的支撑阻力的同时又具备较好的可缩性,在实现留巷侧顶板来压沿空切顶时,又能适应上覆岩层的弯曲下沉、控制基本顶的回转,实现卸压作用,避免对辅助支架的冲击破坏。

(6) 本研究成果——近距离无墙体沿空留巷的工业性试验取得了很好的经济效益与社会效益。老母坡矿单个工作面增加了煤炭资源回收量 8 540 t，增加纯收益 2 604 700 元，沿空留巷项目煤炭资源单位纯收益 4 270 元/m；兰花宝欣矿单个工作面增加了煤炭资源回收量 39 760 t，增加纯收益 12 126 800 元，沿空留巷项目煤炭资源单位纯收益 17 080 元/m。同时形成的近距离煤层无墙体沿空留巷掘进期间、留巷期间、留巷复用期间的围岩控制成套技术方案丰富了沿空留巷的理论与实践，具有显著的社会效益。

6.2 创新性

(1) 采用近距离无墙体沿空留巷技术，取消了区段保护煤柱，降低了巷道掘进率 10%～33%，节省了大量材料消耗及人员支出，缓解了采掘接替紧张的局面，提高采区回采率 10%～20%，有利于合理开发煤炭资源，延长了矿井服务年限。

(2) 无墙体沿空留巷连续开采技术，不仅消除了留设煤柱和充填墙体护巷时煤柱上、下方应力集中对开采的不利影响，还减弱了煤层开采造成的台阶式地表沉陷的程度，使地表连续、缓慢地变形下沉，有利于矿区的复垦复建。

(3) 优化了近距离煤层采空区下掘巷围岩控制技术，创新了在上覆煤层相邻工作面重复采动下下位煤层工作面超前加固技术，实现了近距离煤层不同空间双面同采工艺，提高了工作面开机率，确保了矿井产量。

(4) 实现工作面 Y 形通风，在正确进行通风管理的情况下，沿空留巷工作面回风流中的瓦斯含量与留煤柱时工作面相比可以减少 30%～50%，解决了上隅角瓦斯超限的问题，在很大程度上消除了自然发火的根源和概率，保证了安全生产。

(5) 有利于改善矿井技术经济指标。由于无煤柱开采具有上述优点，即多回收煤炭资源、节约支护材料、降低巷道维护费、减少掘进费用等，因此可以明显提高矿井的经济效益。

参考文献

[1] BJURSTROM S S.Strength of hard rock joints reinforced by grouted untensioned bolts[C]//Proceeding of 3rd Congress. ISRM Denver ⅡB,1974:1194-1199.

[2] CAI Y,ESAKI T,JIANG Y J.An analytical model to predict axial load in grouted rock bolt for soft rock tunnelling [J]. Tunnelling and underground space technology,2004,19(6):607-618.

[3] JOHN A H,JOHN P H.Engineering rock mechanics[M]. Redwood:Redwood Books Press,1997.

[4] MATSUI K.Several factors that influence the stability of roadway in longwall face[C]//Proceeding of the 13th Conference on Ground Control in Mining.[S.l.]:1994.

[5] ORTLEPP W D,STACEY T R.Performance of tunnel support under large deformation static and dynamic loading[J].Tunnelling and underground space technology,1998,13(1):15-21.

[6] PELLET F,EGGER P.Analytical model for the mechanical behaviour of bolted rock joints subjected to shearing [J]. Rock mechanics and rock engineering,1996,29(2):73-97.

[7] QIAN M G.A study of the behaviour of overlying strata in longwall mining and its application to strata control[C]// Proceedings of the Symposium on Strata Mechanics.Elsevier

Scientific Publishing Company,1982:13-17.
[8] STEPHEN C T. Evolution of ultrasonic measurement systems for bolt load determinations[R].[S.l.]:Int. BU of Mines DGH PA29264,1990:1-9.
[9] 白书民.薄煤层无巷旁充填沿空留巷技术研究[J].煤炭科学技术,2012,40(11):42-44.
[10] 柏建彪,周华强,侯朝炯,等.沿空留巷巷旁支护技术的发展[J].中国矿业大学学报,2004,33(2):183-186.
[11] 蔡光顺.中兴矿极近距离煤层开采巷道布置及支护技术研究[D].北京:中国矿业大学(北京),2013.
[12] 曹树刚.采场围岩复合拱力学结构探讨[J].重庆大学学报(自然科学版),1989(1):72-78.
[13] 丁焜,童有德.我国无煤柱开采的发展与展望(上)[J].煤矿设计,1984(3):11-16.
[14] 董少广,王淮海.我国能源结构与资源利用效率分析[N].中国信息报,2006-04-26.
[15] 段宏飞,姜振泉,张蕊,等.杨村煤矿综采条件下薄煤层底板破坏深度的实测与模拟研究[J]. 煤炭学报,2011,36(增1):13-17.
[16] 多尔恰尼诺夫.构造应力与井巷工程稳定性[M].赵惇义,译.北京:煤炭工业出版社,1984.
[17] 范维唐.21世纪中国能源[C]//中国煤炭学会.21世纪中国煤炭工业第五次全国会员代表大会暨学术研讨会论文集.北京:煤炭工业出版社,2001:1-6.
[18] 冯光明.超高水充填材料及其充填开采技术研究与应用[D].徐州:中国矿业大学,2009.

[19] 冯仁俊.薄煤层无巷旁充填沿空留巷特种支护技术[J].煤矿安全,2013,44(6):88-90,93.

[20] 高延法,李白英.受奥灰承压水威胁煤层采场底板变形破坏规律研究[J].煤炭学报,1992,17(2):32-39.

[21] 高召宁,孟祥瑞.采动条件下煤层底板变形破坏特征研究[J].矿业安全与环保,2010,37(3):17-20,24.

[22] 弓培林,胡耀青,赵阳升,等.带压开采底板变形破坏规律的三维相似模拟研究[J].岩石力学与工程学报,2005,24(23):4396-4402.

[23] 古全忠,史元伟,齐庆新.放顶煤采场顶板运动规律[J].矿山压力与顶板管理,1995(3-4):76-80.

[24] 关英斌,李海梅,路军臣.显德汪煤矿 9 号煤层底板破坏规律的研究[J].煤炭学报,2003,28(2):121-125.

[25] 郭惟嘉.采面底板应力分布及对底板突水的影响[J].中州煤炭,1990(1):21-23.

[26] 郭晓磊.沿空留巷支护现状及其改进意见[J].山东煤炭科技,2011(6):204-205.

[27] 郭育光,柏建彪,侯朝炯.沿空留巷巷旁充填体主要参数研究[J].中国矿业大学学报,1992,21(4):1-11.

[28] 韩继胜,蒋金泉,冯增强.综放面底板采动应力场的矿压显现规律[J].焦作工学院学报,1999,18(1):5-8.

[29] 胡金,乌斯诺夫,布拉伊采夫,等.煤层无煤柱开采[M].崔梦庚,译.徐州:中国矿业大学出版社,1991.

[30] 华心祝,马俊枫,许庭教.锚杆支护巷道巷旁锚索加强支护沿空留巷围岩控制机理研究及应用[J].岩石力学与工程学报,2005,24(12):2107-2112.

[31] 华心祝.我国沿空留巷支护技术发展现状及改进建议[J].煤炭科学技术,2006,34(12):78-81.

[32] 黄福昌.深井综采采场沿空留巷围岩变形机理及支护系统研究[D].青岛:山东科技大学,2011.

[33] 靳钟铭,张惠轩,宋选民,等.综放采场顶煤变形运动规律研究[J].矿山压力与顶板管理,1992(1):26-31.

[34] 康全玉.无巷旁支护沿空留巷在厚煤层分层开采中的应用[J].煤矿现代化,1996(3):15-17.

[35] 李白英.预防矿井底板突水的"下三带"理论及其发展与应用[J].山东矿业学院学报(自然科学版),1999,18(4):11-18.

[36] 李化敏.沿空留巷顶板岩层控制设计[J].岩石力学与工程学报,2000,19(5):651-654.

[37] 李兴高,高延法.开采对底板岩体渗透性的影响[J].岩石力学与工程学报,2003,22(7):1078-1082.

[38] 李增伟.无巷旁充填沿空留巷技术研究[D].西安:西安科技大学,2014.

[39] 李志兵,张农,韩昌良,等.锚固预紧力与预紧力矩相互关系的研究[J].中国矿业大学学报,2012,41(2):189-193.

[40] 林峰.煤层底板应力分布的相似材料模拟分析[J].淮南矿业学院学报,1990,10(3):19-27,11.

[41] 陆士良.无煤柱护巷的矿压显现[M].北京:煤炭工业出版社,1982.

[42] 马念杰,白忠胜.无人工巷旁充填沿空留巷支护技术与工艺研究[J].煤矿开采,2010,15(4):51-56.

[43] 缪协兴,钱鸣高.采场围岩整体结构与砌体梁力学模型[J].矿山压力与顶板管理,1995(3-4):3-12.

[44] 缪协兴,钱鸣高.采动岩体的关键层理论研究新进展[J].中国矿业大学学报,2000,29(1):25-29.

[45] 宁亚伦,李亚新,战军祥.单体液压支柱沿空留巷[J].煤矿现代化,1999(3):11-12.

[46] 彭维红,董正筑,李顺才.半平面体弹性问题的边界积分公式及应用[J].中国矿业大学学报,2005,34(3):400-404.

[47] 漆泰岳,郭育光,侯朝炯.沿空留巷整体浇注护巷带适应性研究[J].煤炭学报,1999,24(3):256-260.

[48] 钱鸣高,李鸿昌.采场上覆岩层活动规律及其对矿山压力的影响[J].煤炭学报,1982(2):1-12.

[49] 钱鸣高,缪协兴,许家林,等.岩层控制的关键层理论[M].徐州:中国矿业大学出版社,2003.

[50] 钱鸣高,缪协兴,许家林.岩层控制中的关键层理论研究[J].煤炭学报,1996,21(3):225-230.

[51] 钱鸣高,石平五.矿山压力与岩层控制[M].徐州:中国矿业大学出版社,2003.

[52] 钱鸣高,赵国景.老顶断裂前后的矿山压力变化[J].中国矿业学院学报,1986(4):14-22.

[53] 钱鸣高,朱德仁,王作棠.老顶岩层断裂型式及对工作面来压的影响[J].中国矿业大学学报, 1986(2):9-18.

[54] 宋振骐.实用矿山压力控制[M].徐州:中国矿业大学出版社,1988.

[55] 孙恒虎,赵炳利.沿空留巷的理论与实践[M].北京:煤炭工业出版社,1993.

[56] 孙恒虎.沿空留巷顶板活动机理与支护围岩关系新研究[D].徐州:中国矿业大学,1988.

[57] 汪理全,李中颃.煤层(群)上行开采技术[M].北京:煤炭工业出版社,1995.
[58] 王成,杜泽生,李志兵,等.锚杆初始支护阻力的计算及预测[J].煤炭学报,2012,37(12):1982-1986.
[59] 王继恩,李晓冬.为生命铸造"盾牌"——记中国工程院院士、我国矿压理论的奠基人钱鸣高教授[J].中国煤炭,1997,23(3):56-57.
[60] 王巨光,王刚.切顶卸压沿空留巷技术探讨[J].煤炭工程,2012(1):24-26.
[61] 王作宇.底板零位破坏带最大深度的分析计算[J].煤炭科学技术,1992(2):2-6.
[62] 吴健,孙恒虎.巷旁支护载荷和变形设计[J].矿山压力,1986(2):2-11,79.
[63] 肖远见,李美海,周定武.开采层底板岩层的应力分布实验及探讨[J].矿业安全与环保,2005,32(5):28-31.
[64] 徐芝伦.弹性力学[M].北京:高等教育出版社,2002.
[65] 许家林,连国明,朱卫兵,等.深部开采覆岩关键层对地表沉陷的影响[J].煤炭学报,2007,32(7):686-690.
[66] 许家林,钱鸣高,金宏伟.基于岩层移动的"煤与煤层气共采"技术研究[J].煤炭学报,2004,29(2):129-132.
[67] 许家林,钱鸣高.覆岩关键层位置的判别方法[J].中国矿业大学学报,2000,29(5):463-467.
[68] 许家林,钱鸣高.岩层控制关键层理论的应用研究与实践[J].中国矿业,2001,10(6):54-56.
[69] 许家林,吴朋,朱卫兵.关键层判别方法的计算机实现[J].矿山压力与顶板管理,2000(4):29-31.

[70] 许家林.岩层移动与控制的关键层理论及其应用[D].徐州:中国矿业大学,1999.

[71] 杨伟峰.薄基岩采动破断及其诱发水砂混合流运移特性研究[D].徐州:中国矿业大学,2009.

[72] 杨永辰,尹博,赵贺.带—网—栓式矸石袋巷旁充填支护体力学性能研究[J].矿业安全与环保,2013,40(4):16-18.

[73] 尹鹤峰,王宏,朱宏新.利用空间弹性理论分析和计算采动影响下的底板应力分布[J].阜新矿业学院学报,1992,11(1):19-24.

[74] 张百胜.极近距离煤层开采围岩控制理论及技术研究[D].太原:太原理工大学,2008.

[75] 张成文,孙春东.沿空留巷锚网索与密集支柱联合支护技术[J].煤炭科学技术,2010,38(9):50-53.

[76] 张顶立,王悦汉.综采放顶煤工作面岩层结构分析[J].中国矿业大学学报,1998,27(4):340-343.

[77] 张顶立.综放工作面岩层控制[J].山东科技大学学报(自然科学版),2000,19(1):8-11.

[78] 张华磊.采场底板应力传播规律及其对底板巷道稳定性影响研究[D].徐州:中国矿业大学,2011.

[79] 张金才,刘天泉.论煤层底板采动裂隙带的深度及分布特征[J].煤炭学报,1990,15(2):46-55.

[80] 张晓君.矿柱及围岩对采空区破坏影响的数值模拟研究[J].采矿与安全工程学报,2006,23(1):123-126.

[81] 张玉生.基于锚杆拉拔试验巷道支护设计方法研究[D].西安:西安科技大学,2014.

[82] 赵明强.深井大断面沿空留巷围岩控制机理研究[D].淮南:

安徽理工大学,2008.
[83] 赵庆彪,刘长武.组合支架切顶巷旁自行充填矸石墙体留巷试验[J].煤炭学报,2011,36(6):891-896.
[84] 郑西贵.煤矿巷道锚杆锚索托锚力演化机理及围岩控制技术[D].徐州:中国矿业大学,2013.
[85] 朱德仁,钱鸣高.长壁工作面老顶破断的计算机模拟[J].中国矿业大学学报,1987(3):1-9.
[86] 朱德仁.长壁工作面老顶的破断规律及其应用[D].徐州:中国矿业大学,1987.
[87] 朱术云,姜振泉,姚普,等.采场底板岩层应力的解析法计算及应用[J].采矿与安全工程学报,2007,24(2):191-194.
[88] 朱卫兵.浅埋近距离煤层重复采动关键层结构失稳机理研究[D].徐州:中国矿业大学,2010.
[89] 邹熹正.对压力拱假说的新解释[J].矿山压力,1989(1):67-68.